中国电子学会"科技点亮智慧生活"科普品牌系列教程

人工智能与机器人

编程探索书

（进阶篇）

主　编　冷晓琨

副主编　柯真东　王松　黄珍祥

人民邮电出版社

北　京

图书在版编目（CIP）数据

人工智能与机器人编程探索书. 进阶篇 / 冷晓琨主
编. -- 北京 : 人民邮电出版社，2021.9
ISBN 978-7-115-56068-1

Ⅰ．①人… Ⅱ．①冷… Ⅲ．①智能机器人—程序设计
—青少年读物 Ⅳ．①TP242.6-49

中国版本图书馆CIP数据核字(2021)第169554号

内 容 提 要

本书是以 Aelos 机器人和其传感器套件为载体，引导小学生学习智能机器人、传感器技术以及图形化编程的入门教程。本书涵盖了人工智能的历史、发展、分类以及组成等相关知识，帮助学生掌握图形化编程的基本方法、常用传感器的基本原理及应用。书中介绍的 Aelos 机器人和传感器套件，既能引导学生举一反三，又能加深学生对计算机编程思想的理解。书中还包含大量贴近生活的案例，能充分地激发学生学习智能机器人相关技术的兴趣。《人工智能与机器人编程探索书》分为入门篇和进阶篇，本册为进阶篇，上百张精美的照片和程序代码图，将为读者展示人工智能这门极为重要的学科中的关键技术，以及这些技术如何影响着我们的生活。本书适合对机器人和人工智能感兴趣的读者阅读，可作为学生的课外科普读物。

◆ 主　　编　冷晓琨

　　副 主 编　柯真东　王　松　黄珍祥

　　责任编辑　魏勇俊

　　责任印制　彭志环

◆ 人民邮电出版社出版发行　　北京市丰台区成寿寺路 11 号

　　邮编　100164　　电子邮件　315@ptpress.com.cn

　　网址　https://www.ptpress.com.cn

　　北京瑞禾彩色印刷有限公司印刷

◆ 开本：787×1092　1/16

　　印张：8.25　　　　　　　　　　2021 年 9 月第 1 版

　　字数：174 千字　　　　　　　　2021 年 9 月北京第 1 次印刷

定价：69.80 元

读者服务热线：(010)81055493　印装质量热线：(010)81055316
反盗版热线：(010)81055315
广告经营许可证：京东市监广登字 20170147 号

序言

　　人工智能作为计算机科学与应用中的一个重要分支，涵盖众多领域，并且随着人工智能技术进一步的发展，毫无疑问，会对人类社会未来生产生活的方方面面带来更加深远的影响。

　　青少年作为未来国家建设的新生力量和主导力量，为了更好适应人工智能发展态势，迫切需要了解人工智能的发展历程和基本原理，学习和掌握开发智能软件与应用。在全球范围内，越来越多的国家将人工智能人才培养列入国家重大发展计划，人工智能技术运用于教育领域的实践探索也越来越多。

　　然而，人工智能作为一个新兴发展的事物，其涉及学科宽泛，逻辑思维抽象，技术方法复杂。由于青少年的理解、认知水平有限，因此想要帮助青少年学习人工智能所包含的各项技术知识，懂得实际应用人工智能，并用来改造事物，拥有一定的整合信息与运用工具进行自主创造与设计的能力，显然并非易事，这也是所有青少年人工智能教育从业者面临的共同挑战。

　　本书用有趣的案例、形象的图解和严谨的逻辑，从人工智能的基本知识点出发，以机器人和智能产品为载体，为读者缓缓推开了人工智能神秘的大门，引领读者去主动探索人工智能的世界。

　　本书没有生搬硬套的知识，也没有枯燥乏味的公式，但笔者在阅读过程中感受到了逻辑的严谨、细节的丰满和思考的启发。笔者认为本书是难得的青少年人工智能教育读物。

首都师范大学教育学院

樊磊

目录

第 一 章

人工智能来了

在 21 世纪，我们的生活发生了巨大的改变，而这一切都源于——人工智能。

学习目标

　　了解人工智能的基本概念，能简述人工智能的发展历程，结合生活实际认识人工智能在生活中的应用，并激发对智能科技的学习兴趣。

学习重点、难点

学习重点

- 了解人工智能及其发展历程；
- 了解人工智能在生活中的应用；
- 理解人工智能的含义以及对人类社会的影响。

学习难点

理解人工智能的含义以及对人类社会的影响。

1.1 什么是人工智能

　　电影《人工智能》引起了人们对人工智能的广泛关注，它以未来世界为背景，描述了科学技术高度发达时人们的日常生活。在电影中，人工智能机器人遍布于世界的各个角落，为人们提供各种优质的服务。而在日常生活中，人们常常会问：人工智能究竟是什么？又会给我们的生活带来怎样的改变？本节中，让我们一起走进人工智能吧！

学习目标

- 了解人工智能的基本概念，能够阐述人工智能的含义；
- 掌握人工智能与机器学习和深度学习之间的关系；
- 能够结合生活实际，认识"学习"的重要意义。

　　近年来，人工智能频繁地出现在我们的日常生活中，高速路口不再需要人工收费（见图1.1.1），乘坐火车也不再需要纸质车票（见图1.1.2），人工智能的飞速发展有效地提高了人们的工作效率，让我们的生活变得更加便利。

图 1.1.1 高速公路的 ETC 通道

图 1.1.2 凭身份证即可进站

未来，人工智能将会应用在生活中的各个角落，那么，人工智能究竟是什么呢？

人工智能（Artificial Intelligence），英文简称为 AI。顾名思义，"人工"代表的是由人类制造的，在这里，可以更确切地认为是由人类开发的。"智能"则是智慧和能力的总称，在人工智能中可以更具体地解释为"人类的智慧和能力"，如人脸识别、语音识别、文字识别，以及人类生活中的各种应用（见图 1.1.3）。

图 1.1.3 人工智能应用概念图

人类的智慧和能力都与大脑的思维活动息息相关，人类大脑经过了上亿年的进化才形成了如此复杂的结构，但至今仍然没有被完全了解。虽然随着神经科学、认知心理学等学科的发展，人们对大脑的结构有了一定程度的了解，但对大脑的智能究竟是怎么产生的还知道得很少。我们并不能完全理解大脑的运作原理，以及大脑如何产生意识、情感、记忆等功能。

未来，随着人们对人类大脑的认识进一步加深，人工智能也可能会得到更大的发展。

思 考

在 2050 年，人工智能将会给我们的生活带来哪些巨大的改变呢？

1.2 人工智能的发展历程

人工智能学科诞生之后，技术理论不断发展，应用领域不断延伸。目前，人工智能的应用领域主要包括智能机器人、图像处理、自然语言处理及语音识别等。尽管人工智能可以称为当下最热门的学科之一，但其发展却经历了几番波折。本节中，让我们一起纵览人工智能的发展历程。

- 掌握人工智能的发展历程，了解影响人工智能发展的因素；
- 能够通过人工智能的发展历程，认识科研道路的艰难与困苦；
- 学习科学家为社会进步不懈努力的精神。

1 1948 年"机器智能"概念的提出

图 1.2.1 "人工智能"之父 图灵

艾伦·马西森·图灵（见图 1.2.1）便是最早被誉为"人工智能之父"的科学家，他从 20 世纪 40 年代初开始，就致力于研究机器与智能的问题。到了 1948 年，图灵在一篇文章中正式提出了"机器智能"的概念。

1950 年，他又发表了一篇具有里程碑意义的论文《计算机器与智能》，预言了创造出具有真正智能机器的可能性，同时，为了明确界定"机器智能"，提出了被后人称为"图灵测试"的概念。

图灵测试

图灵测试是指测试者在与被测试者（一个人和一台机器）隔开的情况下，通过一些装置（如键盘）向被测试者随意提问（见图 1.2.2）。问过一些问题后，如果有超过 30% 的测试者不能判断出被测试者是人还是机器，那么这台机器就通过了测试，并被认为具有机器智能。

图 1.2.2 图灵测试示意图

2 1956 年"人工智能"的诞生

图灵的机器智能思想反映了人们对于人工智能最初的设想，但直到 1956 年"人工智能"一词才被正式提出。

1956 年，众多科技领域的专家学者在美国达特茅斯学院（见图 1.2.3）展开了一场关于人工智能的学术讨论，史称达特茅斯会议。在会议上，计算机专家约翰·麦卡锡首次提出了人工智能的概念，这成为了人工智能诞生的标志。

人工智能的发展并没有像专家们所预期的那样一帆风顺，甚至可以称为一波三折。

图 1.2.3　美国达特茅斯学院

3　人工智能的黄金时代与低谷时期

20 世纪 50 年代，人工智能的发展逐渐进入了黄金时代。美国一个怪才科学家悄悄地冒出了头，他就是查尔斯·罗森，他是斯坦福国际研究所人工智能研究中心的创始人，领导了世界上第一个 AI 机器人 Shakey 的发明项目（见图 1.2.4）。

Shakey 集合了当时所有的机器智能成果，它可以感觉到出现在它前面的物体，独立调整路径，避开障碍物，实现了机器智能从无到有的重大突破。

人工智能的黄金时代仅仅维持了十几年的时光，在 20 世纪 70 年代初，人工智能遭遇了瓶颈，当时的计算机内存和处理速度有限，不足以解决任何实际的人工智能问题。由于进展迟缓，对人工智能提供资助的机构逐渐停止了资助。人工智能的发展进入了低谷时期。

图 1.2.4　罗森与 Shakey 机器人

4　20 世纪 80 年代初，人工智能短暂的繁荣时期

20 世纪 80 年代初，一类名为"专家系统"的 AI 程序开始为全世界的公司所采纳。1981 年，日本、英国、美国先后向信息技术领域的研究提供大量资金，人工智能进入短暂的繁荣时期。在此期间，人类历史上首台 3D 打印机问世。

专家系统是一种通过模拟人类专家的知识和解决相关领域问题的方法来解决问题的计算机程序，能够依据一组从专门知识中推演出的逻辑规则在某一特定领域内回答或解决问题。

但仅仅在 7 年之后，随着专家系统逐渐暴露出应用领域狭窄、知识获取困难、推理方法单一且难以升级等问题，人们逐渐对专家系统和人工智能产生了信任危机。再加之人工智能一直依赖的硬件设备遇到了危机，人工智能步入了寒冬时期。

英国浪漫主义诗人雪莱曾说过："冬天来了，春天还会远吗？"

5 1993 年之后，人工智能迎来了真正的春天

在 1993 年，人工智能终于迎来了真正的春天。在摩尔定律的作用下，计算机性能不断突破。云计算、大数据、机器学习、自然语言和机器视觉等领域发展迅速。

摩尔定律

摩尔定律起始于戈登·摩尔在 1965 年的一个预言，当时他看到英特尔公司做的几款芯片后，认为每经过 18~24 个月，晶体管个数可以翻一番，芯片运算处理能力能翻一倍。没想到这么一个简单的预言成真了，之后几十年里芯片的发展情况一直按这个节奏往前走。

在春天到来之后，人工智能与人类开展了一场又一场的"博弈"。

☆ 1997 年 5 月，IBM 的超级计算机"深蓝"击败国际象棋世界冠军卡斯帕罗夫，成为首个在标准比赛时限内击败国际象棋世界冠军的计算机系统。图 1.2.5 是一幅下国际象棋的概念图。

☆ 2011 年，Watson（沃森）作为 IBM 公司开发的使用自然语言回答问题的人工智能程序参加了一档美国智力问答节目，打败了两位人类冠军。

☆ 2016 年 3 月 15 日，Google 公司开发的人工智能 AlphaGo 与围棋世界冠军李世石的人机大战最后一场落下了帷幕。人机大战第五场经过长达 5 个小时的搏杀，以李世石认输结束，最终李世石与 AlphaGo 总比分定格在 1：4。这一次人机对弈让人工智能正式被世人所熟知。图 1.2.6 是一幅机器人下围棋的概念图。

☆ 2017 年，AlphaGo 再次出征，成功地以一敌五在团体赛中战胜 5 位中国顶尖棋手。并单挑当时世界排名第一的 19 岁棋手柯洁，这场比赛被视为人类顶尖高手与围棋人工智能程序的终极之战。

图 1.2.5 国际象棋

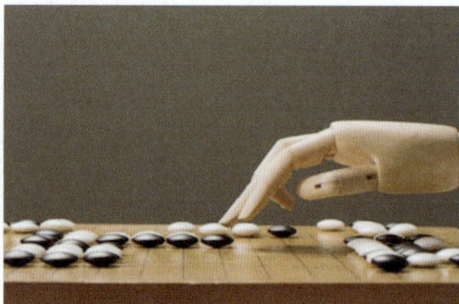

图 1.2.6 围棋与智能机器人

在未来，人工智能与人类在各个领域的"博弈"将一直持续。

了解了人工智能发展的历程后，你知道影响人工智能发展的因素有哪些了吗？

人工智能三要素：大数据、算法、人工智能芯片（见图1.2.7）。

大数据：是对数据的存储、处理和交换。它拥有丰富多样的数据，可以随时为人工智能提供大量的学习样本。

算法：可以简单地理解为计算方法，通过对数据的归纳、综合等处理方法，挖掘数据之间的关系。算法是人工智能的核心，是使计算机具有智能的根本途径。

人工智能芯片：运行算法的硬件芯片。

图1.2.7　人工智能三要素

1.3　人工智能的生活应用

人工智能这一新兴的科技浪潮正在深刻地改变着我们的世界并影响着我们的生活，但是这一切仅仅是一个开始。我们的生产、生活、社交、娱乐等方方面面依然可以通过人工智能技术的应用得到进一步的提升。人工智能过去的发展为我们展现了一个令人激动的前景，而这个更美好的新时代需要我们共同努力去创造。为了创造新的智能生活，让我们一起来了解人工智能吧！

学习目标

了解人工智能的应用领域，并举例说明人工智能技术在各个行业中的应用。

AlphaGo的战绩，仅仅是当前人工智能快速发展的一个缩影。如今，人工智能正逐渐成为人们生活中熟悉的"伙伴"。它广泛应用于人们的生产、生活中，语音助手、人脸识别、虚拟聊天机器人、机器翻译，以及智能交通、无人车、航天应用等，都显示着人工智能的存在，人类已经迈入了人工智能时代。

人工智能技术不断推动着社会的进步和信息技术的发展，在很多领域已经超越人类极限并创造了巨大的价值。人工智能主要包含自然语言处理、计算机视觉、语音识别、专家系统以及交叉领域等。

1　自然语言处理

　　自然语言处理是一门研究如何让计算机理解和生成人类的语言的学科。计算机通过对人类自然语言进行文本拆分、词义理解以及情感分析等处理，实现语义理解，生成人类语言。机器翻译、智能病历处理等软件的核心都是自然语言处理。

　　智能病历处理系统（见图 1.3.1）能够通过自然语言处理，从大量病历中提取关键信息，形成一个庞大的数据库，帮助医生快速、准确地分析临床病历。智能病历处理系统的水平相当于受过 8 年临床医学教育的医学研究生，但同样读一篇 50 页的病历，其抓取和理解其中的所有临床信息的速度比医生平均快 2700 倍，大大地提高了医院的办公效率，求医难问题将得到缓解。

图 1.3.1　智能病历处理示意图

2　计算机视觉

　　计算机视觉，即计算机从图像中获取有用信息，代替人眼对目标进行识别、跟踪和测量等。形象地说，就是让相机和算法分别充当计算机的"眼睛"和"大脑"，让计算机能够感知周围的环境，解决许多关于"看"的问题。

　　目前，计算机视觉已经成熟地运用在人脸识别、文字识别以及图像识别等领域。在我们的生活中，不管是"人脸识别""文字识别"还是"图像识别"都有许多大家熟知的应用。

　　人脸识别的应用包括：在购物时，通过"刷脸"能够快捷地完成支付；美颜相机通过识别人脸的不同部位，进行相对应的美化，例如瘦脸、磨皮等；搭载"人脸识别"功能的考勤机成了最严格的考勤官；此外，"人脸识别"还代替了地铁乘车卡，简化了进站流程（见图 1.3.2）。

　　图像识别与文字识别在生活中的应用也非常广泛。例如，有些识物 App 能够识别约 4000 种常见植物，准确率超过 98%；有些教学辅助 App 能够帮助家长写出解题过程或者批改孩子的作业；语言翻译 App 能够将照片中的文字翻译成目标语言（见图 1.3.3）……

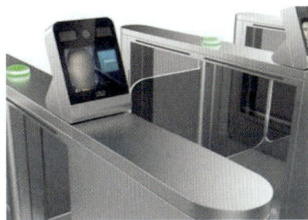

"人脸识别"考勤机　　　　人脸支付　　　　入口核验

图 1.3.2　人脸识别应用

识别花草 App　　　　作业辅导 App　　　　语言翻译 App

图 1.3.3　图像识别应用

3　语音识别

　　语音识别主要是指让机器听懂人说的话，即在各种情况下，准确地识别出语音的内容，从而根据语音的内容，执行人的各种指令。它是目前发展最为迅速的人工智能应用领域。语音识别的最大优势在于使得人机用户界面更加自然和容易使用。

　　语音识别在工业、军事、交通、医学、民用等方面，特别是在计算机、信息处理、通信与电子系统、自动控制等领域中已经有了越来越广泛的应用。语音助理在生活中的应用也越来越广泛，例如控制家用电器、根据实时天气提醒我们增减衣服等。

4　专家系统

　　专家系统是一个智能计算机程序，因其具有大量某个领域专家水平的知识与经验而得名。此外，专家系统能够依据一组从专业知识中推演出的逻辑规则，在某一特定领域回答或解决问题。也可以说，专家系统是一种模拟人类专家解决相关领域问题的方法来回答或解决问题的计算机程序。

目前，专家系统在无人驾驶、天气预测、城市系统等领域已经取得了突破性进展。以无人驾驶为例，其主要依靠车内的以计算机系统为主的智能驾驶仪来实现无人驾驶的目标。从 20 世纪 70 年代开始，美国、英国、德国等发达国家开始进行无人驾驶汽车的研究，在可行性和实用化方面都取得了突破性的进展。

5　交叉领域

人工智能的四大方面应用其实或多或少都涉及其他领域，然而交叉应用最突出的方面是智能机器人。

说一说：你认识的机器人有哪些？

1.4　人工智能与机器人

作为 21 世纪热门的学科，人工智能与机器人受到了广泛的关注。目前，智能机器人，即人工智能与机器人的结合，也成为了科学家们主要的研究内容。本节中，让我们一起看一看人工智能与机器人到底擦出了哪些火花？

学习目标

了解人工智能与机器人结合的产物，及其在日常生活中的应用。

随着科学的迅速发展，科技产品更新换代的速度越来越快，智能化产品也越来越多。人工智能与机器人技术变得日益成熟，已逐渐成为当今的前沿研究领域。人工智能的发展改变了人类的学习、生活方式，而培养高智能的机器人是机器人产业的发展方向。

因此，人工智能和机器人的发展是相互促进的，当今社会，人们非常注重人工智能和机器人的结合。它们结合的重要意义很大程度在于，有可能研制出可以模仿人类行为和思维的机器人。

在科学技术大力发展的今天，虽然当前的人工智能机器人还没有达到科幻小说中诠释的那样生动形象，但人工智能机器人已不再是遥远的话题。未来人工智能机器人将产生不可估量的价值和意义。

就目前而言，人工智能机器人在工业机器人、服务机器人，以及医疗手术机器人、康复辅助机器人等应用领域，均有重大突破。而工业制造、生活服务、医疗技术是人类工作、学习、生活的基础保障。在未来世界中，人工智能机器人将如何在这几个领域的应用中体现它的价值？

1　工业制造

工业机器人作为产业先驱，在基础工业、制造工艺日益进步的今天，通过与传感技术、智能技术、虚拟现实技术、网络技术等技术的深度融合，工业机器人将朝着精度、速度、效率更高，智能、灵巧作业、人际交互能力更强的方向发展。机械臂就是工业机器人中的一种，如图 1.4.1 所示。

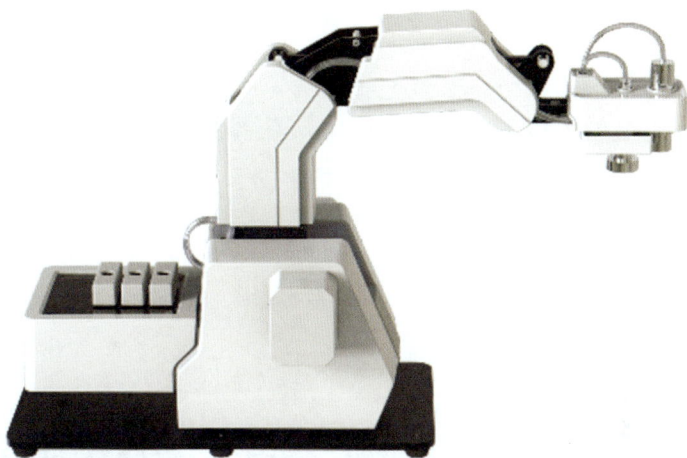

图 1.4.1　机械臂

因此，用机器人代替人进行重复作业、精细作业、危险作业的未来将指日可待。而且机器人的应用领域也将越来越广泛，例如汽车工业、电子装配制造、物流搬运与仓储、食品加工、机械加工、化工建材等。

2　生活服务

当代社会节奏加快、劳动力减少，越来越多的年轻人为看护老人、看护小孩、做家务等问题所困扰。在这种情况下，人们也越来越渴望未来能出现一个能把这些事情处理得井井有条的智能机器人。

如果所有家务活都由智能机器人帮忙处理和解决，那么人们可以更专注于自己的工作、学习，或许社会会有更快的进步。另外，如果智能机器人能够看家护院，或者维护社会治安，那么社会环境就有可能更加安全和谐。图 1.4.2 为家务智能机器人的想象图。

图 1.4.2　家务智能机器人想象图

　　智能机器人不仅能为家庭生活服务提供便利，在未来的公共服务上也可以发挥它的优势和作用。例如，智能服务生将穿梭于各大餐饮商店，为人类提供各种便捷服务；无人驾驶或将成为未来汽车发展的主流，智能交通大大提高了交通系统的效率和安全性。图 1.4.3 为机器人指挥交通的想象图。

图 1.4.3　机器人指挥交通想象图

3　医疗技术

　　医疗机器人服务于民生科技与健康。健康是人类永恒的主题，未来医疗机器人的发展空间巨大。在看病过程中，如果有专门的人工智能机器人负责记录患者相关信息，维护公共秩序，那么不仅能够有效地提高患者就诊的效率，还能大幅度地节约人力资源。

　　或者也可以利用智能机器人的高超记忆本领对人类健康情况进行记录管理，提醒人们及时体检、就医，大大提高人们的健康指数。

　　另外，人工智能机器人还可以利用各种技术为人类进行诊断，患者不再需要奔波于各个检查室，大大节省就医时间及金钱（见图1.4.4）。

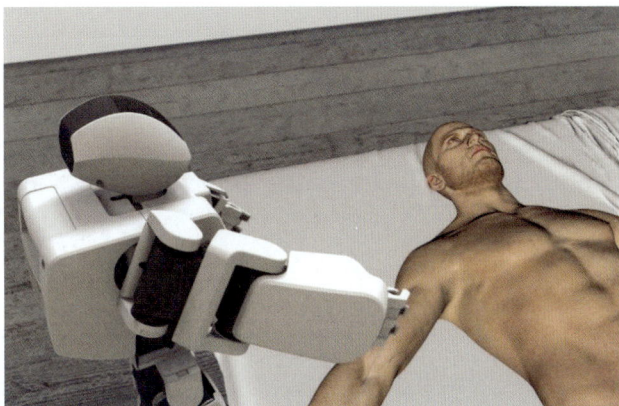

图 1.4.4　医疗机器人概念图

　　我们可以期待未来能出现一款会看病的人工智能机器人，它能通过自身的多功能程序，轻松解决人类的某种疾病，从而避免了冗长复杂的就医程序。当然，除了看病，在康复上，未来也会有医疗智能机器人为人们提供帮助。

　　人工智能和机器人的结合绝非偶然，而是时代发展的产物。一方面，人工智能能够有更广阔的发展空间，更好地为人们的需求所服务；另一方面，机器人也可以更智能化。人工智能和机器人结合将会给人们的学习、工作、生活带来巨大的变化。

第 二 章

Aelos 机器人

在电影中，有很多经典的机器人形象：呆萌可爱的大白、帅气有型的幻视、无所不能的哆啦A梦、善良体贴的安德鲁……

你还知道哪些机器人？

你想让机器人帮你做些什么呢？

在本章中，我们一起来认识人形机器人 Aelos 机器人（简称 Aelos）。

🎓 **学习目标**

认识 Aelos 机器人，了解 Aelos 机器人的编程软件和编程方法。

📢 **学习重点、难点**

学习重点

- 了解 Aelos 机器人的身体结构；
- 了解 Aelos 机器人的图形化编程软件、动作关键帧；
- 掌握使用遥控器及设置信道的方法。

学习难点

- 掌握程序的 3 种结构；
- 理解变量的含义及函数的使用方法。

2.1 认识 Aelos 机器人

机器人的世界充满无限的奥秘，等待着我们去探索。同学们或许已经了解了很多类型的机器人，对机器人世界充满了好奇。那么，在本节中让我们认识一下未来学习中的小伙伴 Aelos。

🎓 **学习目标**

- 认识 Aelos 机器人；
- 了解 Aelos 机器人的外形特征、结构、组成以及安全使用注意事项。

Aelos 机器人是服务于教育行业的专业领域机器人，它是一款具有人类基本外形特征的机器人。也就是说，它同人类一样，具有头部、躯干和四肢。因此，也被称作仿人机器人。

从 Aelos 机器人的外表上，可以轻易地识别出头部、身躯和四肢，如图 2.1.1 所示。

Aelos 机器人的背部设计了提手结构，如图 2.1.2 所示，便于搬运与抓取机器人。Aelos 机器人的头部配有电机驱动装置，提手结构能够有效地避免人们直接手提 Aelos 机器人头部，间接地保护 Aelos 机器人的头部，避免头部受到不必要的伤害。

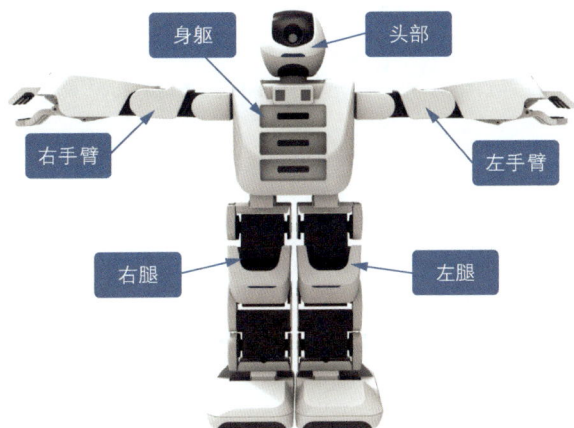

图 2.1.1　Aelos 机器人

图 2.1.2　背部的提手结构

重点提示

在使用的过程中，千万不要直接手提 Aelos 机器人的头部。

在 Aelos 机器人的背后还有 4 个隐藏接口或按键，如图 2.1.3 所示，分别是充电口、电源开关、复位键和 USB 接口。

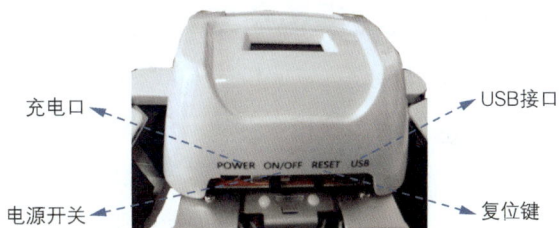

图 2.1.3　4 个隐藏接口或按键

☆ 充电口：Aelos 机器人内置充电电池，需要使用专用充电器充电。当 Aelos 机器人发出"电量低，请充电"的语音提示时，请尽快关闭机器人电源开关并给机器人充电。充电期间，充电器的指示灯为红色，充电完成将变换成绿色，表示充电电池已经充满，即可停止充电。

☆ 电源开关：Aelos 机器人的电源开关。当开启 Aelos 机器人时，机器人将发出"主人你好"的问候语，然后进入站立姿势等候进一步的指令。

☆ 复位键：轻按复位键将重置机器人，将机器人恢复到初始状态，机器人将发出问候语，最后停留在站立姿势表示已经启动完成。

☆ USB 接口：该接口的作用是通过 USB 数据线将计算机和机器人连接在一起，连接后可以通过计算机控制机器人，把相应程序通过数据线下载到 Aelos 机器人上并执行。

1　Aelos 开机与关机指南

☆　1．确认 Aelos 机器人未开启电源，双手稳定捧握 Aelos 机器人将其放置于桌面或水平地面，远离电源和水源。

注　意

请保证桌面或水平地面上有至少 1 平方米的活动空间让机器人活动，并确保机器人远离桌面边缘，防止 Aelos 机器人执行动作指令时意外坠落。

☆　2．将 Aelos 机器人放置平稳后，拨动 Aelos 机器人背后的电源开关，接通 Aelos 机器人电源。

☆　3．打开开关后，请勿握持 Aelos 机器人的任何部位，让 Aelos 机器人自主执行站立动作和发出问候语，待机器人正常站立后再进一步操作机器人。

☆　4．再次拨动 Aelos 机器人背后的电源开关，即可关闭 Aelos 机器人。关闭电源后，可以使用适当力度旋转 Aelos 机器人关节，将 Aelos 机器人扭转至相对稳定的状态。

2　安全使用规范总结

☆　1．请平稳地拿起机器人，切勿拖曳机器人的四肢和头部。

☆　2．在停止使用 Aelos 机器人时，请关闭电源。若发现 Aelos 机器人有异常，请关闭 Aelos 机器人电源然后重启。

☆　3．Aelos 机器人由中枢核心板控制，请勿造成中枢核心板潮湿、漏电，否则会造成 Aelos 机器人损坏。若 Aelos 机器人损坏，严禁私自拆解，请及时联系商家修理。

☆　4．将 Aelos 机器人开启后，请放在平整的地面上，然后开始用遥控器对机器人进行控制。

☆　5．若要操作 Aelos 机器人进行幅度比较大的动作，请预留足够大的空间，防止 Aelos 机器人撞击其他物品。

☆　6．切勿用力扳动机器人的四肢和头部，防止损坏机器人。

☆　7．切勿随意用力拖曳 Aelos 机器人的线路，防止影响机器人动作。

☆　8．儿童、青少年请在监护者的监护下操作 Aelos 机器人，切勿独自操作。

Aelos 作为一款仿人机器人，不仅聪明伶俐，而且肢体灵活，能模仿人类完成相应的动作，尽管有些动作难度系数很高，Aelos 机器人也能够手到擒来，例如：前滚翻、后滚翻、侧翻等。不仅如此，Aelos 机器人做的俯卧撑也是非常标准，如图 2.1.4 所示。

图 2.1.4　Aelos 机器人能完成各种动作

2.2　Aelos edu 编程软件

　　教育版软件，又称 Aelos 机器人 PC 端教育版程序，是一款集软件编程与硬件控制为一体的青少年编程软件。教育版软件能够为 Aelos 机器人设计各种动作，并通过搭建编程积木块进行逻辑设计。本节中，让我们一起来学习教育版软件的使用方法，并使用遥控器控制机器人。

学习目标

- 认识教育版软件中的五大版块：菜单栏、指令栏、编辑区、动作视图区、机值视图区；
- 熟悉各个版块的功能，能够独立创建工程文件；
- 掌握遥控器的使用及信道的设置方法。

1　软件的下载与安装

　　要为 Aelos 机器人设计动作指令，首先要在计算机中安装"Aelos 机器人 PC 端教育版程序"，简称为教育版软件。该软件可以通过乐聚的官方网站进行下载。

　　在网站的导航栏中，单击"服务与支持"后再单击"下载支持"，将出现相关软件的下载页面。在教育版本下，找到"Aelos 机器人 PC 端教育版安装程序"，单击右侧的"下载支持"，即可下载到计算机。教育版软件配有使用说明，能帮助我们快速入门。

目前软件支持 Windows 系统及 macOS 系统，可根据实际情况选择相应的版本，如图 2.2.1 所示。

在本地找到下载好的安装包，根据提示即可完成安装。在桌面上，可以找到教育版软件的快捷方式，如图 2.2.2 所示。在本地程序列表中，也可以找到"aelos_edu"。

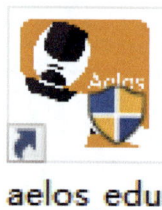

教育版本		
Aelos 机器人PC端教育版使用说明书 Aelos 机器人PC端教育版使用说明书	01 DEC 2017	下载支持
Aelos 机器人PC端教育版安装程序 Windows 1.6.0版本（Windows OS）	01 JUNE 2019	下载支持
Aelos 机器人PC端教育版安装程序 MAC 1.6.0版本（Mac OS）	01 JUNE 2019	下载支持

图 2.2.1　网站上的程序下载栏　　图 2.2.2　软件快捷方式图标

双击"aelos_edu"图标，即可运行软件，软件界面如图 2.2.3 所示。

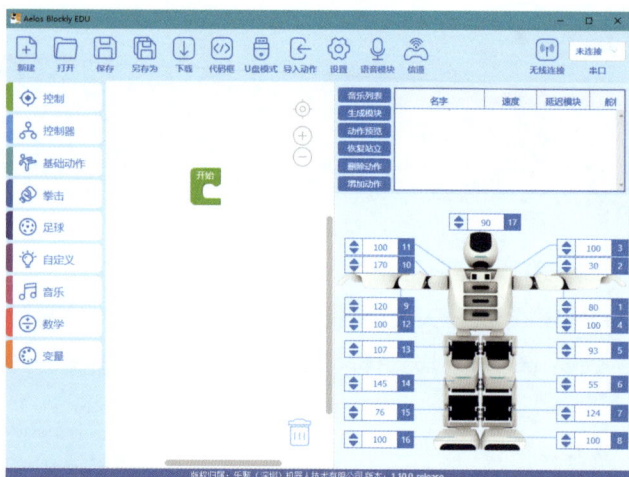

图 2.2.3　软件运行界面

> **注　意**
>
> 软件在安装或启动时，如果提示缺少一些文件，请到乐聚官方网站查看"服务与支持"下的"下载支持"，下载并安装相关的系统补丁包，解决该问题。

2　软件界面介绍

工欲善其事，必先利其器。认识教育版软件，就是开启编程学习的第一步。

教育版软件界面，如图 2.2.4 所示，可以分为菜单栏、指令栏、编辑区、动作视图区以及机值视图区。

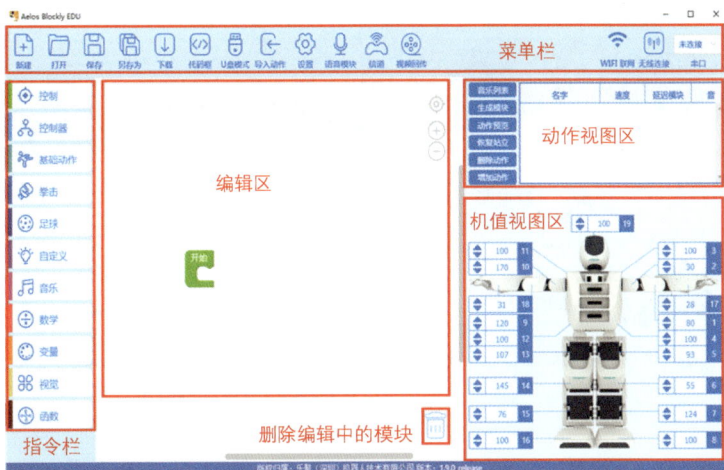

图 2.2.4　教育版软件界面

菜单栏

　　菜单栏是软件的主要功能区之一，主要包括两类功能键，一类主要负责操作工程文件，如新建、保存、另存为等；另一类主要负责 Aelos 机器人的相关设置，如信道、串口连接等。此外，在新建或打开适用于 Aelos 机器人的项目时，编程界面菜单栏中还会显示动作下载、导入代码等功能键。菜单栏中的主要功能键及其作用，如表 2-1 所示。

表 2-1　教育版软件菜单栏主要功能键及其作用

功能键	作用
新建	新建命令用于选择机器人型号并新建工程，将在系统中创建一个文件夹用于存放工程文件，文件夹中包含一个以 ".abe" 为后缀名的文件。没有创建新工程，就无法开展动作指令的设计和存储工作。 注意：工程的名称要按照见名知意的原则进行命名
打开	打开命令用于打开一个已经存在的工程。找到欲打开的工程文件夹，进入文件夹，选择以 ".abe" 为后缀名的工程文件
保存	保存命令用于存储工程文件。工程文件以 ".abe" 为后缀名，动作指令文件以 ".src" 为后缀名
另存为	另存为命令用于将当前工程存储为另一个工程，以保护当前的工程不被覆盖。工程中的动作指令文件将一同被另行存储。 注意：工程文件将按照新的名称进行创建，动作指令文件依然沿用之前的名称
下载	将软件中编写好的程序通过数据线下载到机器人上
代码框	负责代码视图的调出和隐藏
U 盘模式	可以进入 Aelos 体内的存储单元，我们可以在计算机中查看存储单元中的内容，也可以对其中的内容进行修改和添加。 注意：在没有专业人员指导的情况下，尽量不要编辑存储单元中的文件，以免造成文件损坏或丢失，影响机器人的正常使用。在退出 U 盘模式后，必须重新启动机器人，否则 Aelos 机器人无法通过串口与软件进行正确连接
导入动作	将外部已编辑好的动作添加到自定义动作中
语音模块	为机器人设置语音命令词

续表

功能键	作用
设置	可以对软件界面进行语言设置以及进行机器人零点调试
信道	更改机器人的信道
视频回传	将 Aelos 机器人拍摄到的画面回传给计算机，获取回传视频画面中的颜色、位置等信息

练一练

新建一个名为"Hello Aelos"的工程文件。

指令栏

程序指令库中包括控制指令和动作指令，这些指令都是程序员通过编写代码封装的积木块。我们可以任意调用所需积木块，高效地完成程序设计。如图 2.2.5 所示。

◈ 控制　　⣿ 控制器　　⣿ 变量　　÷ 数学　　⣿ 函数

⣿ 基础动作　⣿ 拳击　　⣿ 足球　　💡 自定义　　🎵 音乐　　🎴 视觉

图 2.2.5　程序指令库

编辑区

编辑区是程序设计的主要阵地，我们可以从指令库中选择所需的指令，拖曳到编辑区内，完成程序设计，如图 2.2.6 所示。

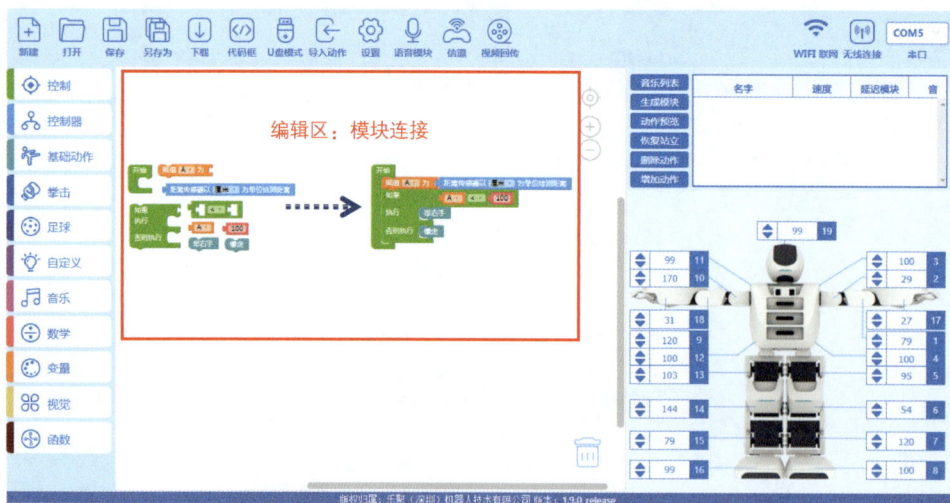

图 2.2.6　程序编辑区

此外，编辑区还设计了便捷按钮，分别为定位、放大与缩小和删除。具体功能如下：

☆ 定位：将编辑区的积木块定位到视图中间。

☆ 放大与缩小：能够调整积木块的大小，便于查看程序设计。

☆ 删除：将多余的积木块拖曳到"垃圾桶"中，当桶盖开启时，即可完成删除。

练一练

向编辑区内添加基础动作中的"金鸡独立"指令，并尝试使用编辑区内的便捷按钮。

动作视图区

动作视图区可以显示每个动作的详细信息，例如：名字、速度、延迟时间以及各舵机转动角度值等。这些信息以列表的形式显示，不仅可以呈现单一动作，也可以呈现一个动作指令中的一组动作，如图 2.2.7 所示。

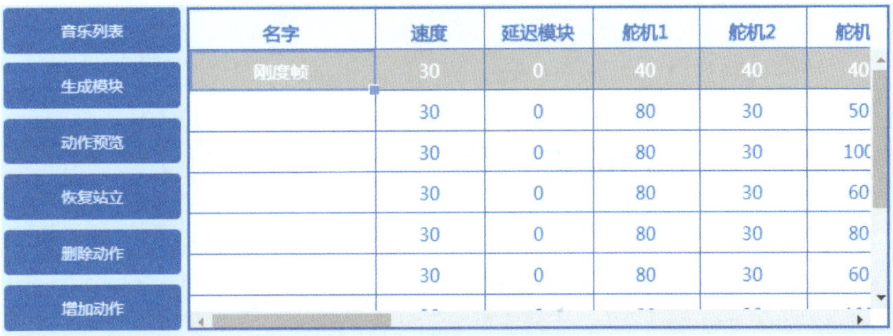

名字	速度	延迟模块	舵机1	舵机2	舵机
刚度帧	30	0	40	40	40
	30	0	80	30	50
	30	0	80	30	100
	30	0	80	30	60
	30	0	80	30	80
	30	0	80	30	60

图 2.2.7　动作视图区

当然，动作视图区中也可以对所显示的动作进行预览、修改、删除或者将整组动作打包成一个新的动作。

机值视图区

Aelos 机器人全身装配了 19 个舵机，每个舵机的舵机值最小不得小于 10，最大不得大于 190。通常情况下，舵机可以实现 180° 自由旋转，但由于 Aelos 机器人身上金属件和外壳的限制，部分舵机无法旋转 180°。通过合理设置舵机值以及各个舵机间的相互配合，Aelos 能够完成各式各样的动作，甚至一些人类无法实现的高难度动作。

机值视图区就是显示当前机器人身上各个舵机的旋转数值的区域。在机值视图区中，我们可以看到机器人身体的各个关节处都标有舵机的编号，每个编号旁边展示了当前状态下该舵机对应的值，如图 2.2.8 所示。

在机值视图区中，我们可以调整各个舵机的数值，直到 Aelos 达到预期的动作状态。

关于教育版软件，你了解了吗？

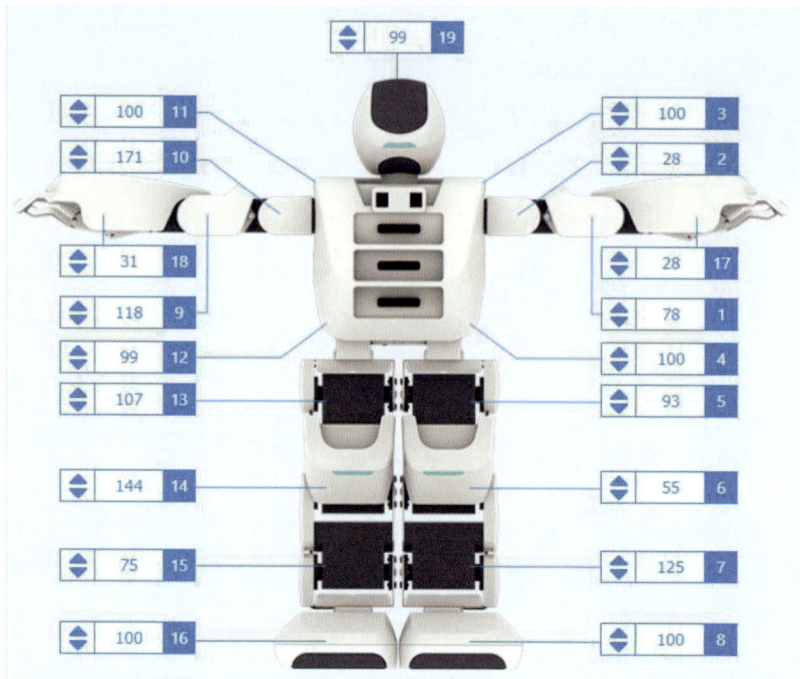

图 2.2.8　机值视图区

3　Aelos 动作编辑方法

　　通过动作视图区与机值视图区，可以为 Aelos 机器人设计各种生动活泼的动作。当串口连接成功后，就可以通过机值视图区，调整 Aelos 机器人的动作。调整 Aelos 机器人动作的方法有如下两种：手工扭转法和舵机值调整法。

手工扭转法

　　手工扭转法，即手动扭转各个舵机，以达到目标动作。通过手工扭转法调整 Aelos 机器人的动作，需要对机器人的舵机进行解锁操作。连接串口后，机值视图区会出现"解锁左手臂""解锁左腿""解锁右手臂""解锁右腿"以及"解锁全身"5 个选项框，如图 2.2.9 所示。单击对应的选项框，即可完成相应位置舵机的解锁操作。

　　舵机解锁后，机值视图区对应编号的舵机会变为灰色，这时机器人身上对应的舵机可以轻松地被转动。如选择"解锁右手臂"时，9 号、10 号、11 号以及 18 号舵机将会被解锁，机值视图区对应编号的舵机变为灰色，如图 2.2.10 所示。

　　除了选择"解锁左手臂""解锁左腿"等 5 个选择框外，还可以单击机值视图区各个舵机的编号处，完成相应舵机的解锁。

　　将解锁后的舵机，调整到合适的位置后，需要再对舵机进行加锁操作，即取消解锁，让机值视图区对应编号的舵机变回蓝色。此时，我们会发现机值视图区对应编号的舵机值，已经发生了改变。

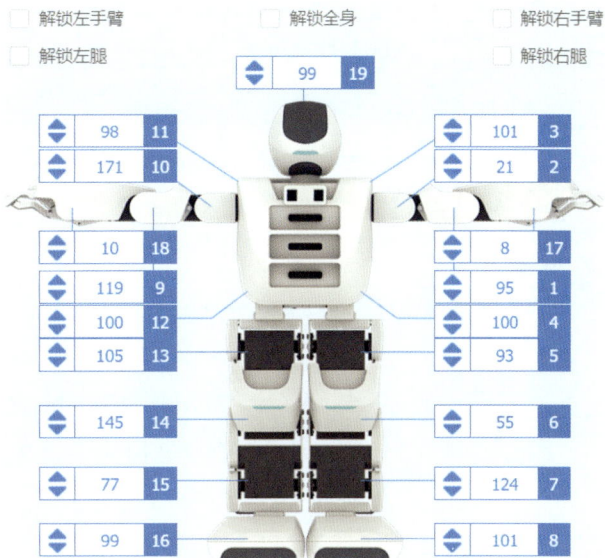

图 2.2.9　串口连接后的机值视图区

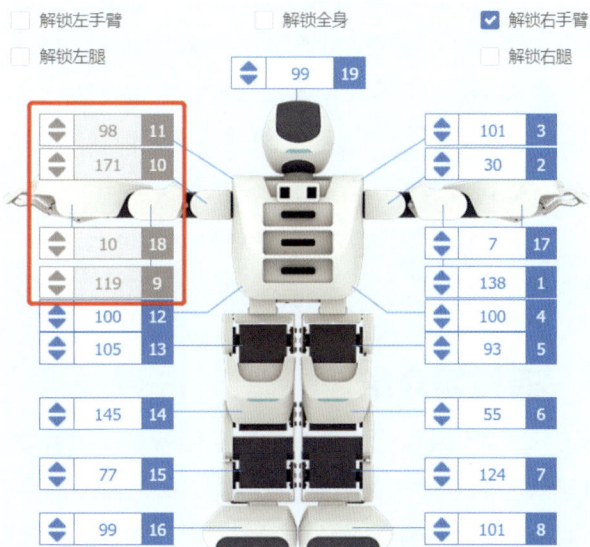

图 2.2.10　解锁右手臂后的机值视图区

　　下面我们需要通过动作视图区的配合，完成 Aelos 机器人动作模块的设计。通过机值视图区设置好 Aelos 机器人各个舵机的舵机值后，单击动作视图区中的"增加动作"按钮，动作视图区就会出现该动作帧的详细信息，如图 2.2.11 所示。

　　在动作视图区，可以调整每个动作帧的速度、延迟时间等，也可以修改各个舵

名字	速度	延迟模块	舵机1
刚度帧	30	0	40
	30	0	138

音乐列表
生成模块
动作预览
恢复站立
删除动作
增加动作

图 2.2.11　增加动作

机的舵机值。通过"增加动作"按钮，可以设计多个动作帧。当完成动作设计后，可以单击"生成模块"按钮，如图 2.2.12 所示，在出现的弹窗中输入动作的名字，如图 2.2.13 所示。

名字	速度	延迟模块	舵机1
网缓帧	30	0	40
	30	0	138

音乐列表
生成模块
动作预览
恢复站立
删除动作
增加动作

名字 ×

请输入30个字以内的名称

取消　确定

图 2.2.12　生成模块　　　　图 2.2.13　在弹框中输入动作名字

输入完成，单击确定按钮，即可在程序编辑区内找到黄色的动作积木块，如图 2.2.14 所示。生成的动作积木块可以用于程序中，协助 Aelos 机器人完成各项任务。

图 2.2.14　动作积木块

舵机值调整法

舵机值调整法，即通过单击机值视图区中各个舵机数值右侧的三角形按钮，对各个舵机进行微调。每次单击，舵机数值将以1为单位进行变化，同时对应的舵机也会进行相应的转动，实现动作变化。通过舵机值调整法设计动作时，需要实时观察 Aelos 机器人的动作变化。

在为 Aelos 机器人设计动作时，常常需要结合手工扭转法与舵机值调整法两种设计动作的方法来实现，通过手工扭转法可以快速确定 Aelos 机器人的动作样式，再使用舵机值调整法进行微调，让动作变得更加优美。

不管通过手工扭转法还是舵机值调整法为 Aelos 机器人设计动作，生成动作模块的方法都是一样的。

4　遥控器介绍

对于 Aelos 机器人来说，遥控器就是一根神奇的指挥棒。通过按动遥控器上的按键，就可以指挥机器人执行相应的程序。Aelos 机器人配备的遥控器具有 1 块显示屏和 18 个按钮，这些按钮分布在遥控器的正面和侧面，如图 2.2.15 和图 2.2.16 所示。

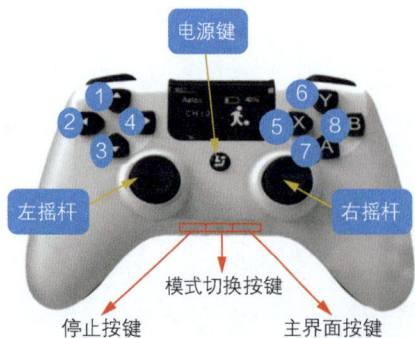

图 2.2.15　遥控器正面　　　　图 2.2.16　遥控器侧面

遥控器的 18 个按键功能各有不同，遥控器按键的使用方法说明，如表 2-2 所示。

表 2-2　遥控器按键说明

按键	功能
电源键	开启或关闭遥控器，遥控器 LED 显示屏亮起表示遥控器处于启动状态
停止按键	动作终止功能。若要终止 Aelos 机器人当前执行的动作，按下停止按键，即可终止 Aelos 机器人当前的动作，并让它恢复到站立状态
模式切换按键	模式切换按键可切换不同的遥控模式。Aelos 机器人遥控器具有 4 种遥控模式：表演模式、足球模式、拳击模式和兼容模式。遥控器打开后默认进入表演模式，按下"模式切换"按键切换到下一个模式；长按"模式切换"按键 2 秒，遥控器切换到兼容模式，再次长按 2 秒即可退出兼容模式
主界面按键	信道设置完成按键。改变信道后，需要按下此按键完成设置
左摇杆	左摇杆可控制 Aelos 机器人在标准状态中进行前进、后退、左移、右移。将左摇杆推向"前进"状态，Aelos 机器人将按照正常速度一直前进
右摇杆	右摇杆可控制 Aelos 机器人在快速状态中进行前进、后退、左转、右转，若一直推向"前进"状态，Aelos 机器人将快速前进，需要注意的是，快速状态不能持久使用，快速前进对机器人的硬件，如电池、舵机损耗都比较大
1 ~ 12 号按键	按键 1~12 为动作指令绑定按键，这些按键根据自己的使用习惯绑定相应的程序指令。按下动作按键将听到提示音，Aelos 机器人即执行绑定的动作指令

注　意

"左摇杆"和"右摇杆"分别控制 Aelos 机器人的内置默认动作，且不能修改。

安全使用规范总结

☆ 1. 请正确使用遥控器，远离水、火、强电、强磁等环境。

☆ 2. 若发现遥控器有任何异常，请及时关闭电源，再重新启动，切勿私自拆解遥控器。

☆ 3. 若遥控器电池电量不足时，请及时为配套电池进行充电。

☆ 4. 使用遥控器控制时，切勿距离 Aelos 机器人过远，以免影响信号传输。

☆ 5. 切勿过分用力按动按键，若机器人没有响应，可以重新按动一次按键。

☆ 6. 遥控器在 5 分钟内若无任何操作，将自行关机。

5　信道设置

遥控器是一种无线遥控装置，由操作装置、编码装置、发送装置、信道、接收装置、译码装置和执行机构等组成。常用的热门无线传输方式主要包括 Wi-Fi、蓝牙、ZigBee 等，目前多采用 2.4GHz 无线技术来做遥控器和无线鼠标之类的产品。

2.4GHz 所指的是一个工作频段，2.4GHz ISM（Industrial Scientific Medical）是全世界通用的无线频段，它的频率是 2.4GHz ~ 2.4835GHz，Wi-Fi、蓝牙都工作在这一频段。2.4GHz

无线技术是一种短距离无线传输技术，以电磁波形式传播，使用范围大，抗干扰能力强。

Aelos 与遥控器之间能够做到心有灵犀，主要依赖 2.4GHz 无线通信技术。此外，必须保证机器人与遥控器的信道保持一致。

下面，我们一起学习为遥控器和机器人设置信道吧！

遥控器信道设置

开启遥控器，同时按下 "Y" 键和 "A" 键，直到遥控器显示屏显示当前信道数时，如图 2.2.17 所示，表示已经进入信道设置模式，可通过摇杆更改信道。左摇杆向前或向后推动，表示设置信道的十位数，右摇杆向前或向后推动，表示设置信道的个位数。

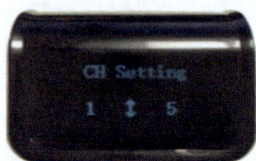

图 2.2.17　设置遥控器信道

设置完成后按下 "主界面" 按键，回到主界面，即可完成遥控器信道设置。

机器人信道设置

启动教育版软件，在菜单栏中找到 "信道" 按键，如图 2.2.18 所示。单击 "信道" 按键，在弹框中输入与遥控器信道一致的数值，如图 2.2.19 所示。

图 2.2.18　信道按键　　　　　　　　　　　　　图 2.2.19　信道设置弹框

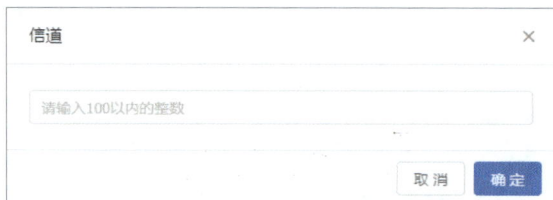

完成输入，单击 "确定" 后，界面中会弹出 "信道设置成功，重启机器人后生效" 的提示。

重启机器人后，就可以通过遥控器指挥 Aelos 完成相应任务了！

2.3　Aelos 动作关键帧

为了使画面看起来连贯流畅，电影和电视 1 秒钟会播放约 24 张画面。在专业术语中，我们将画面称为帧。机器人在执行动作的过程中也需要用到帧的概念，机器人的每一个动作都代表一帧的画面，即动作帧。在动作帧中，任何对动作形态起到转折作用的帧被称为 "动作关键帧"。动作关键帧在机器人动作设计中有非常重要的作用，少一帧动作关键帧都会影响到动作的表现，甚至造成动作的失误。本节中，让我们一起来学习动作关键帧的使用方法，让机器人按照我们的指令动起来吧。

学习目标

- 认识动作关键帧；
- 掌握动作关键帧的使用方法；
- 在机器人动作设计中准确使用动作关键帧。

1　认识动作关键帧

观察图 2.3.1 和图 2.3.2，思考机器人是否能从动作 1 直接到达动作 2，完成"摆臂"的动作？

图 2.3.1　动作 1　　　　　　　　　　图 2.3.2　动作 2

答案是不能。因为从动作 1 到动作 2 时，机器人的右手会被腿部卡住，如图 2.3.3 所示。

图 2.3.3　机器人右手被卡住

大家思考一下如何才能顺利地完成摆臂的动作呢？尝试在上图动作 1 和动作 2 之间再增加一个动作关键帧，如图 2.3.4 所示，让机器人的右手先伸展，然后再缓缓落下，此时机器人就可以顺利地完成摆臂的动作了。

图 2.3.4　在动作 1 和动作 2 中增加关键帧

在机器人完成"摆臂"的这套动作中，如果机器人缺少某一动作帧，都有可能导致摆臂无法完成，因此这三帧动作画面都被称为动作关键帧。机器人的动作转折都需要设定为动作关键帧，对于关键动作，一定要确保能看清楚机器人动作的形态和走向，否则会影响到动作的表现，甚至造成机械的故障。

2　动作视图区中的动作关键帧

在教育版软件界面的动作视图区中，每个动作模块都由许多动作关键帧组成，如图 2.3.5 所示。每个动作关键帧代表一个关键动作画面，会在动作视图区显示该动作关键帧所有舵机的数值。在该区域内单击任意动作关键帧，机器人会执行该动作关键帧的动作，并且动作关键帧对应的舵机数值可以根据实际需求进行修改。

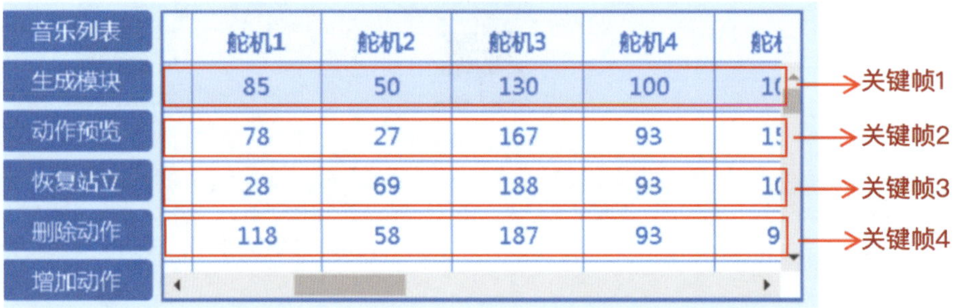

图 2.3.5　动作视图区中的动作关键帧

在动作视图区中，不仅可以单步执行动作关键帧，还可以进行连续性的动作预览。任意单击一个动作关键帧，机器人会执行该动作关键帧动作。如果单击动作关键帧后再单击左侧的"动作预览"，机器人会从该动作关键帧执行到最后一个动作关键帧。所以，我们可以使用"动作预览"查看关键帧动作的协调性。

3　实践活动：设计一个"下蹲举手"的动作

第一步：打开机器人串口，在设计动作之前，需要给该动作设定一个初始站立姿态。在左侧动作视图区中，单击"增加动作"，会出现站立动作的动作关键帧，如图 2.3.6 所示。

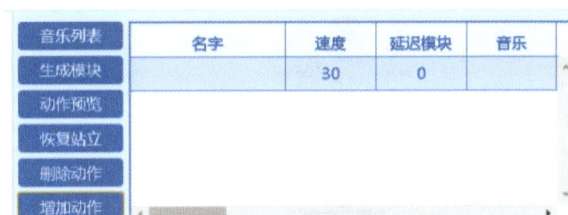

図 2.3.6　动作关键帧：站立

第二步：设计一个双手平举下蹲的动作。可以使用手工扭转法，首先单击 1 ~ 16 号舵机对应的序号，当序号由蓝色变为灰色，表示该舵机解锁，然后用手掰动机器人相应关节部位的舵机，完成双手平举并下蹲的动作，紧接着将这 16 个舵机全部加锁，最后单击"增加动作"，即完成了双手平举下蹲的动作关键帧，如图 2.3.7 所示。

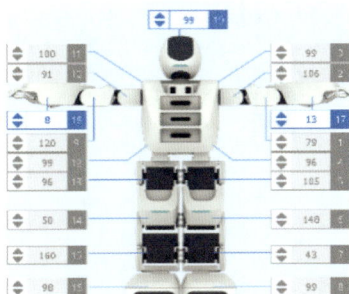

图 2.3.7　动作关键帧：双手平举下蹲

第三步：解锁 10 号与 2 号舵机，将机器人双手上举，加锁，再次单击"增加动作"，如图 2.3.8 所示。

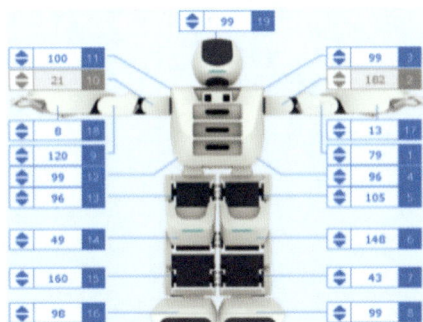

图 2.3.8　动作关键帧：双手上举

第四步：双手靠头，为了防止手打到头部，我们先使用手工扭转法，解锁 9 号与 1 号舵机，掰动至靠近头部的位置，进行加锁，然后使用舵值调整法，单击 9 号与 1 号舵机上的小三角形，将手与头部留一定的空隙位置，如图 2.3.9 所示。

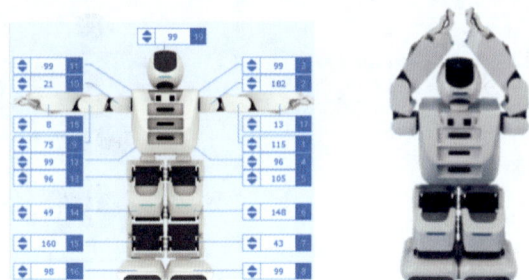

图 2.3.9　动作关键帧：双手靠头

注　意

通过以上 4 个动作关键帧，机器人就可以完成"下蹲举手"的动作了。之后，我们可以在动作视图中单击动作预览，观察整体动作是否流畅或稳定等。如果机器人晃动，可以通过调节动作帧的速度或延时，让机器人动作更加稳定。

在接下来的学习中，让我们与 Aelos 共同开启程序设计之旅吧！

2.4　Aelos 编程方法

纸上得来终觉浅，绝知此事要躬行。掌握教育版软件使用方法不是最终目的，能够熟练使用软件，根据需求设计程序才是我们的终极目标。本节中，我们将一起体验编程之美。

学习目标

- 了解程序设计环境，认识积木块；
- 理解变量的含义以及函数的使用方法；
- 掌握 3 种程序结构。

1　程序设计环境

Aelos 机器人与计算机通过一条短短的数据线，建立起沟通的桥梁。它们之间的连接，是开启机器人编程的第一步（见图 2.4.1）。

首先，确保 Aelos 机器人与教育版软件均已启动，再将数据线的两端分别连接到计算机和 Aelos 机器人。

图 2.4.1　机器人接口

注　意

拔插时，不要损坏 USB 接口。

完成连接后，单击教育版软件菜单栏中的"新建"命令，界面中出现如图 2.4.2 所示弹窗，选择 Aelos（Aelos pro）机器人。待"新建工程"对话框弹出后，在"文件名"处为新的工程命名，工程命名请参照见名知意的原则。

请选择机器人型号

○ Aelos edu

○ Aelos edu sp

○ Aelos arm

◉ Aelos pro

○ Aelos lite

取消　　确定

图 2.4.2　在弹窗中选择型号

最后，在菜单栏右侧，为 Aelos 机器人选择对应的串口。连接的计算机 USB 接口不同时，此处显示的 COM 串口数值也不同。若正确连接成功，页面中将弹出"串口已打开"的视窗（见图 2.4.3）。若显示"串口已断开"，请检查数据线是否脱落或串口驱动是否正确安装。

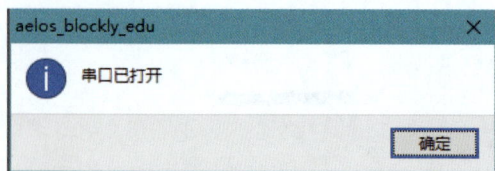

图 2.4.3　正确连接时的提示信息

确保 Aelos 和计算机处于连接状态后，我们就可以在编辑区开始"排兵布阵"了。

2　程序设计

作为运动爱好者，Aelos 的指令库中包含很多动作指令，包括基础动作、拳击动作和踢足球动作，如图 2.4.4 所示。下面我们就和 Aelos 机器人一起运动吧。

实践：编写一个 Aelos 机器人散步的程序。

第一步：新建工程文件；

第二步：在"基础动作"指令中找到"向前慢走，□步"积木块，如图 2.4.4 所示；

第三步：将"向前慢走，□步"积木块拖曳到编程区的"开始"积木块中，并在"数学"指令栏拖曳数字模块，设置前进步数为"1"，如图 2.4.5 所示。

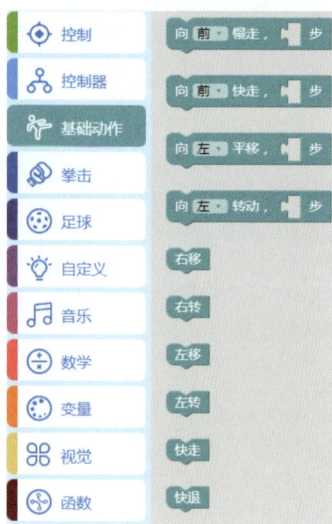

图 2.4.4　基础动作库

图 2.4.5　散步程序

> **注　意**
>
> 新建工程结束，软件会自动生成"开始"积木块，且不能被删除。Aelos 机器人只能执行"开始"积木块包裹的程序，编辑区内其他积木块将不会被执行。

3　新程序执行

程序设计完成后，确认 Aelos 机器人与计算机的连接正确无误，单击菜单栏中的"下载"功能键，程序成功下载后，将弹出如图 2.4.6 所示的提示框，单击任意空白处即可退出。

图 2.4.6　程序成功下载后的提示

图 2.4.7　连接断开后的提示

下载成功后，将 Aelos 机器人和计算机间的连接断开，界面中将弹出"COM4 串口已断开"的提示框。如图 2.4.7 所示。

即使串口已经断开，机器人脱离计算机的控制，有时我们会发现 Aelos 机器人仍不能执行程序。这时候就需要按下 Aelos 机器人背后的"复位"按钮进行重启操作。

温馨提示

在程序设计过程中，需要经常单击菜单栏中的"保存"功能键，及时对工程文件和动作文件进行保存，以免造成劳动成果的损失。使用"另存为"功能键，可以以其他的名称保存，起到备份的作用。

练一练：

为 Aelos 机器人设计出拳程序。

4　程序结构

顺序结构

顺序结构是最简单的一种结构，就是程序从上到下逐行地执行，中间没有任何跳转，如图 2.4.8 所示。

分支结构

分支结构也叫作选择结构，计算机首先要进行条件判断，根据判断的结果执行相应的程序。软件中的"如果□执行"积木块（见图 2.4.9）和"如果□执行□否则执行"积木块（见图 2.4.10）可以根据不同的条件做出不同的决定，从而控制程序的行为。

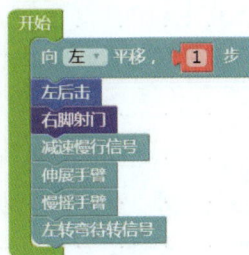

图 2.4.8　顺序结构

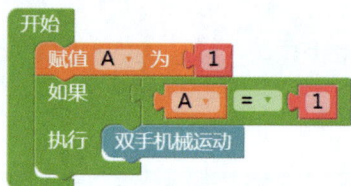

图 2.4.9 "如果□执行"积木块

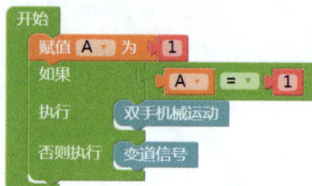

图 2.4.10 "如果□执行□否则执行"积木块

循环结构

循环结构中某些程序会不断地重复执行。循环结构也有多种类型，教育版软件支持 3 种类型的循环。

"当□执行"积木块（见图 2.4.11）的含义是，当满足某个条件时，会一直执行该积木块中包裹的程序段，直到检测到条件不成立为止。

"循环□次执行"积木块（见图 2.4.12）的含义是，指定该积木块中包裹的程序段的执行次数。

"循环直到□执行"积木块（见图 2.4.13）的含义是，一直执行该积木块中包裹的程序段，直到满足某个条件为止。

图 2.4.11 "当□执行"积木块

图 2.4.12 "循环□次执行"积木块

图 2.4.13 "循环直到□执行"积木块

许多人认为重复性的任务非常无聊，但计算机却是处理这类问题的高手。循环结构告诉计算机重复地执行一条或多条语句。

5 变量

认识变量

变量是被命名的计算机内存空间。如果把计算机内存想成一块矩形区域，那么变量就是其中的一个小矩形。程序可以通过创建变量，占用计算机的内存空间，并通过变量赋值将数据（数字和文本）存入该变量占据的内存空间中。

如图 2.4.14 所示，①处是一个名为 first 的变量，它存放了一个数字 100；②处是一个名为 second 的变量，它存放了一个数字 50。

此外，程序可以通过为变量重新赋值，改变存放的数据。如：第一次给变量 a 赋值为 1，第二次给变量 a 赋值为 3，第二次给变量 a 赋的值将覆盖之前的值，那么变量 a 的值就由 1 变成了 3。

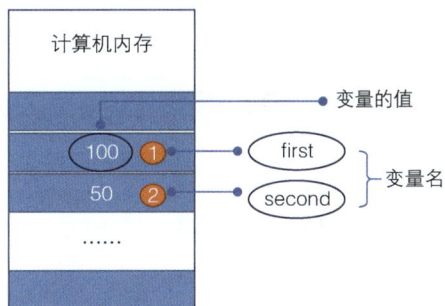

图 2.4.14　变量示意图

教育版软件中的变量

在教育版软件中，在指令栏的"变量"模块下有一个"创建变量"按钮，单击后弹出创建变量对话框，在对话框中输入变量的名字，一个新的变量就创建完成了。

变量的命名是一个历史悠久的问题，也有很多种命名方法，其中"驼峰命名法"是相对常用的一种，其规则是首字母小写，之后每一个单词首字母大写。如：firstName、rightHand、bigBag。变量名应遵循见名知意的原则，尽量简洁。

6　函数

简单地说，函数就是可以完成某个工作的代码块，是可以用来构建更大的程序的一个小部分。可以把这个小部分与其他部分放在一起，就像用积木搭房子一样（见图 2.4.15）。通常来说，有两种情况下可以使用函数。第一种情况，同样的功能需要被多次使用时；第二种情况，当功能较多，同时代码量比较大的时候。

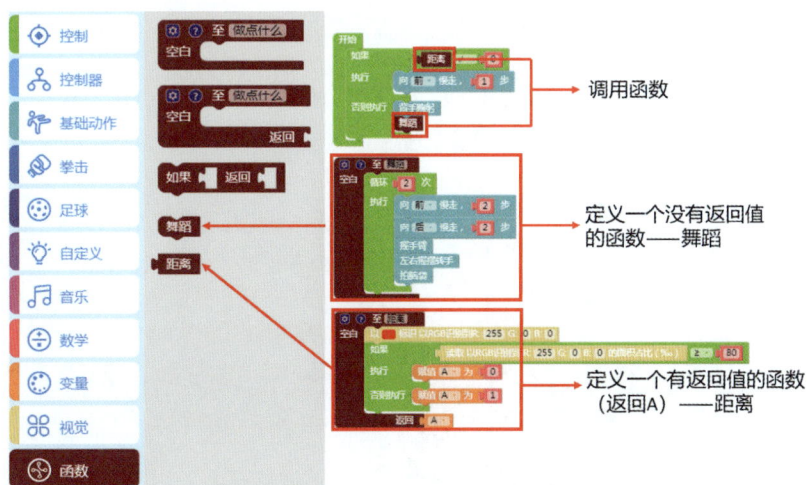

图 2.4.15　使用函数

日常生活中，要完成一件复杂的功能，我们总是习惯把"大功能"分解为多个"小功能"来实现。在编程的世界里，"功能"可称为"函数"，因此，"函数"其实就是一段实现了某种功能的代码，并且可以供其他代码调用（见图 2.4.16）。

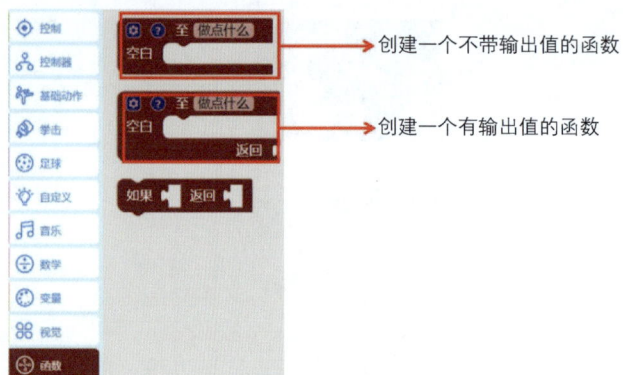

图 2.4.16　指令栏的函数模块

第 三 章

Aelos 传感器（上）

人们常说：“世界那么大，我想去看看。”我们可以通过感觉器官去认识这个美丽的世界。我们知道，人类的感觉分为视觉、听觉、味觉、嗅觉以及触觉。那么，作为智能机器人，Aelos 怎样才能像我们一样感受世界呢？本章，我们将赋予 Aelos 感觉器官，同 Aelos 一起认识丰富多彩的世界。

学习目标

认识传感器，了解传感器的基本原理及其在现实生活中的应用；认识 Aelos 行李箱（指装传感器的盒子）中的传感器，掌握 Aelos 传感器的使用方法；能够熟练运用 Aelos edu 软件中的积木块获取和设置传感器的值；能够调用"传感器"功能相关积木块完成各小节相应的实践程序。

学习重点、难点

学习重点

- 认识传感器，掌握传感器的基本原理；
- 认识 Aelos 行李箱中的传感器，掌握 Aelos 传感器的使用方法；
- 能够熟练地运用 Aelos edu 软件中的积木块，获取和设置传感器的值；
- 能够独立完成各小节相应的实践程序。

学习难点

- 掌握传感器的基本原理；
- 运用 Aelos edu 软件中的积木块，获取和设置传感器的值；
- 各小节相应的实践程序。

3.1 智能传感

人们的感觉器官是实现感觉过程的生理装置，包括感受器、神经通道和大脑皮层感觉中枢 3 部分。那机器人的感觉器官有哪些呢？本节中，让我们一起认识机器人的感觉器官——传感器！

学习目标

- 了解几种基础的传感器及其原理；
- 认识常见的传感器，能够分辨各种传感器的种类；
- 认识 Aelos 的传感器，掌握 Aelos 传感器的使用方法。

1　传感器

　　智能机器人想要接收外界信息，掌握周围的环境，必须依靠传感器来实现，可以说传感器就是智能机器人的"五官"。传感器可以将外界信息转换成机器人可以识别的电信号，并传递给机器人。

　　传感器的存在和发展，让机器人有了触觉、味觉和嗅觉等感官，机器人慢慢变得活了起来。通常根据其基本感知功能，将传感器分为压力传感器、湿敏传感器、气敏传感器、颜色传感器、光敏传感器、声敏传感器和化学传感器等类别。

压力传感器

　　压力传感器（见图 3.1.1）是工业世界、仪器仪表中最常用的一种传感器，并广泛应用于各种工业自控环境，涉及水利水电、铁路交通、生产自控、航空航天等众多行业。

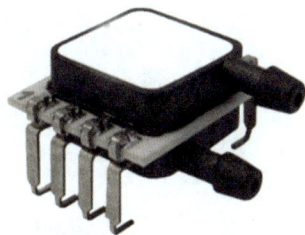

图 3.1.1　压力传感器

温敏传感器

　　温敏传感器（见图 3.1.2）主要分为接触式与非接触式两大类。接触式温度传感器直接与被测物体接触来进行温度测量，要测得物体真实温度的前提条件是被测物体的热容量要足够大。非接触式温度传感器主要是利用被测物体热辐射发出的红外线，从而测量物体的温度，可进行遥测，但成本较高，测量精度也较低。

图 3.1.2　温敏传感器

气敏传感器

　　气敏传感器（见图 3.1.3）是一种检测特殊气体的传感器，可以检测特殊气体的名称以及浓度等信息，并以电信号的形式传递给计算机。目前，气敏传感器的应用主要有：一氧化碳气体的检测、煤气的检测、酒精的检测、人体口腔口臭的检测，等等。

图 3.1.3　气敏传感器

颜色传感器

　　颜色传感器（见图 3.1.4）通过将物体颜色同前面已经示教过的参考颜色进行比较来检测颜色，当在一定的误差范围内两种颜色相吻合时，颜色传感器输出检测结果。

图 3.1.4　颜色传感器

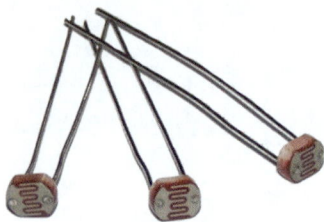

图 3.1.5　光敏传感器

光敏传感器

光敏传感器（见图 3.1.5）是利用光敏元件将光信号转换为电信号的传感器，它的敏感波长在可见光波长附近，包括红外线波长和紫外线波长。光敏传感器主要应用于太阳能草坪灯、光控小夜灯、照相机、监控器、光控玩具、声光控开关、摄像头等电子产品光自动控制领域。

图 3.1.6　声敏传感器

声敏传感器

声敏传感器（见图 3.1.6）的作用相当于一个话筒，可以用来接收声波，显示声音的振动图像。当传感器接收到外界的声音后，会通过一系列的处理，将声音信号转换成计算机可以接收的电信号。

图 3.1.7　化学传感器

化学传感器

化学传感器（见图 3.1.7）是对各种化学物质敏感并能将其浓度转换为电信号进行检测的仪器。如果与人的感觉器官对比的话，化学传感器大体对应于人的味觉器官。但化学传感器并不是单纯的人体器官的模拟，它还能感受人的器官不能感受的某些物质。

我们常将传感器的功能与人类 5 大感觉器官相比拟。

压力传感器、温敏传感器——触觉

气敏传感器——嗅觉

光敏传感器、颜色传感器——视觉

声敏传感器——听觉

化学传感器——味觉

传感器能够比拟人类的 5 大感觉器官，那么这些传感器在机器人上有什么作用呢？

2　传感器的广泛应用

传感器是机器人的"五官"，能够帮助机器人获取外界的信息，更好地为人类服务。当然传感器的应用并不局限于机器人领域，目前，传感器广泛应用于各个领域。除了消费电子之外，还广泛应用于汽车、医疗电子等领域，尤其是智能手机以及平板电脑。

我们常用的计算机键盘就是一种压力传感器。如图 3.1.8 所示，键盘上每一个键的下面都连着一个小金属片，与该金属片隔有一定空气间隙的位置放有另一个小的固定金属片，这两个金属片组成一个小电容器。当键被按下时，此小电容器的电容发生变化，与之相连的电子线路就能够检测出哪个键被按下，从而给出相应的信号。

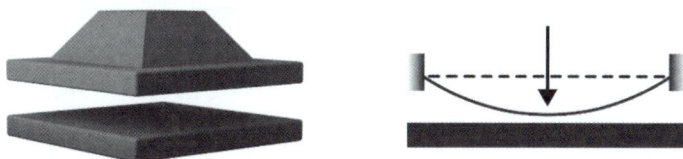

图 3.1.8　计算机键盘原理

　　传感器在日常生活中也有着广泛的应用，常见的是自动门，通过红外人体传感器来控制门的开关状态；烟雾报警器（见图 3.1.9），通过对烟雾浓度的传感来实现报警功能；电子秤，通过力学传感来测量人或其他物品的质量；水位报警、温度报警、湿度报警等也都利用了传感器来完成其功能。

　　烟雾探测器，也被称为感烟式火灾探测器、烟感探测器、感烟探测器、烟感探头和烟感传感器，主要应用于消防系统，在安防系统建设中也有应用。火灾的起火阶段一般情况下会伴有烟、热、光 3 种燃烧产物。

　　在火灾初期，由于温度较低，物质多处于阴燃阶段，所以产生大量烟雾。烟雾是早期火灾的重要特征之一，

图 3.1.9　烟雾报警器

烟雾探测器就是利用这种特性而开发的，能够对可见的或不可见的烟雾粒子做出响应，是将探测部位烟雾浓度的变化转换为电信号实现报警功能的一种器件。

　　此外，智能手机中也隐藏了各种微型传感器。例如《极品飞车》《天天跑酷》等游戏就是利用了重力传感器来实现游戏效果；手机的摇一摇功能利用加速度传感器对手机的加速度进行感应；用光线传感器实现手机的自动调光功能；用距离传感器感应人体和手机屏幕的距离，使得接电话时手机离开耳朵屏幕变亮，手机贴近耳朵屏幕变暗。

　　传感器因具有微型化、数字化的特点，已被应用在生活中的各个领域。

猜一猜

　　Aelos 的行李箱中会有哪些传感器，它们是怎样的传感器呢？

3　Aelos 与传感器

　　Aelos 的行李箱中有各种各样的传感器，能够帮助 Aelos 变身垃圾分类机器人、格斗机器人等。下面我们就一起打开 Aelos 的行李箱吧！

　　作为智能机器人，Aelos 不仅能够模仿人们的动作，还能精确地感受人们所感受的世界。人们通过人体的各个感觉器官来感知世界，而 Aelos 需要各种传感器的帮助。

Aelos 的行李箱中，包含多种传感器，如：温度传感器、湿度传感器、气敏传感器、红外人体传感器、光敏传感器、触碰传感器、触摸传感器，以及火焰传感器，如图 3.1.10 所示。

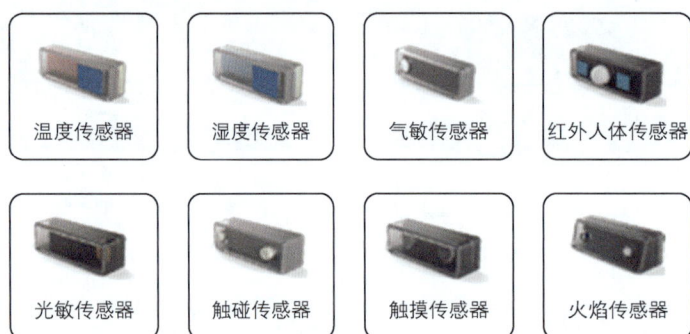

温度传感器	湿度传感器	气敏传感器	红外人体传感器
光敏传感器	触碰传感器	触摸传感器	火焰传感器

图 3.1.10　Aelos 行李箱中的部分传感器

除上述传感器外，Aelos 的行李箱中还有两个输出器件，分别是风扇和 LED 灯，如图 3.1.11 所示。

观察一下我们的传感器，虽然种类各不相同，但是外形都有一个相似的地方。每个传感器的背面都有一块黑色的突起，在这个突起的两侧是两块磁铁，中间的凹槽上有 3 个金属针脚，如图 3.1.12 所示。

风扇	LED灯

图 3.1.11　Aelos 行李箱中的输出器件

图 3.1.12　传感器背面

这是为什么呢？我们说一般传感器都有 3 个针脚，两个是电源线，一个是数据线。将这 3 个针脚和电脑芯片相连，传感器就可以正常工作了。但是针脚外露的话，针脚容易在操作中受到误伤，用线连接的方式也不稳定。

所以工程师们将这些传感器做成了一个个的小部件，将针脚隐藏在凹槽中，并用磁铁将传感器牢牢吸在机器人的端口上，这样同学们操作起来就既简单又稳定。生活中的每一处都充满了智慧呢。

将行李箱中的传感器连接到 Aelos 胸前的传感器端口，如图 3.1.13 所示，Aelos 就完成变身了。在 Aelos 身体内部，还隐藏了 4 个传感器，分别是：摄像头（内含光敏传感器）、地磁传感器、红外距离传感器以及六轴传感器，如图 3.1.13 所示。这些传感器能够帮助 Aelos 实现观察世界、辨别方向等功能。

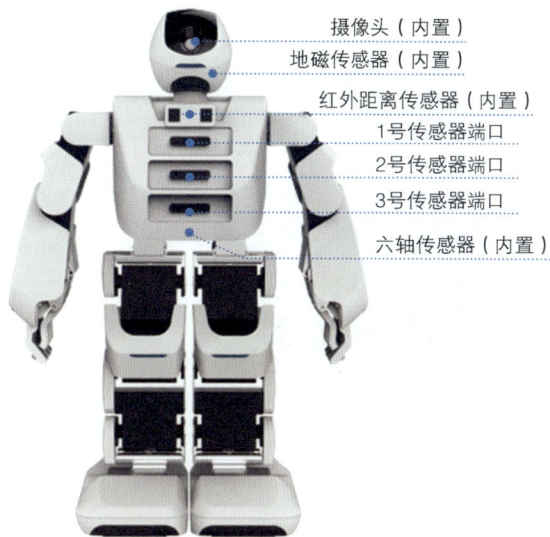

摄像头（内置）
地磁传感器（内置）
红外距离传感器（内置）
1号传感器端口
2号传感器端口
3号传感器端口
六轴传感器（内置）

图 3.1.13　Aelos 内置传感器与传感器端口

4　课堂实践：感受传感器数值变化

接下来我们一起来看看机器人身上的端口。在 Aelos 机器人胸口位置有 3 个外置传感器端口，用来连接传感器。

在机器人的背后有一个 LED 屏幕，在这个屏幕上会显示 ID1、ID2 和 ID3 这 3 个数据，分别对应 3 个端口上的传感器的数据。

每个数据的变化范围为 0 ～ 255，我们在使用传感器的过程中可以通过 LED 屏了解当前传感器的工作情况和数据值大小，这对于我们了解传感器的工作原理和编写程序都有着非常重要的作用。

项目要求

将光敏传感器安装在 3 号端口，观察不同光线状态下 LED 屏上面 ID3 的数值变化。

项目准备

（1）可以正常使用的 Aelos 机器人；
（2）Aelos 的行李箱。

项目步骤

程序实践：

Step 1：打开机器人

机器人开机后，等待后面 LED 屏幕亮起。

Step 2：观察 ID3 的数值变化

此刻 ID3 的数值是光敏传感器的检测数据。改变光线明暗程度，观察 ID3 的数值，并做记录（见图 3.1.14）。

图 3.1.14　ID3 数值变化

项目总结

传感器项目，你完成了吗？

记得填写下方的项目总结报告，分享你的收获哦！

感受传感器数值变化			
1	ID3 数值变化范围	□完成	□未完成
2	ID3 数值变化与光线的关系	□完成	□未完成
我的收获：			

3.2　夜幕下的城堡

机器人王国即将迎来周年庆典，国王邀请大家欣赏夜幕下的城堡，据说机器人王国的夜晚灯火通明，如同繁星点点，十分热闹。本章中，让我们帮助 Aelos 机器人准备周年庆典节目吧！

- 认识光敏传感器，掌握光敏传感器的原理与应用；
- 掌握变量的使用方法；
- 认识 LED 灯，掌握 LED 灯的原理与应用；
- 使用 Aelos 行李箱中的光敏传感器和 LED 灯，设计夜幕下的城堡程序。

1　传感器

光敏传感器是对外界光信号或光辐射有响应或转换功能的敏感装置。

光敏传感器是最常见的传感器之一，它的种类繁多，主要有光电管、光电倍增管、光敏电阻、光敏三极管、太阳能电池、红外线传感器、紫外线传感器等。光传感器是产量最多、应用最广的传感器之一，它在自动控制和非电量电测技术中占有非常重要的地位。

最简单的光敏传感器是光敏电阻，当光子冲击接合处时就会产生电流。常见的光敏传感器如图 3.2.1 所示。

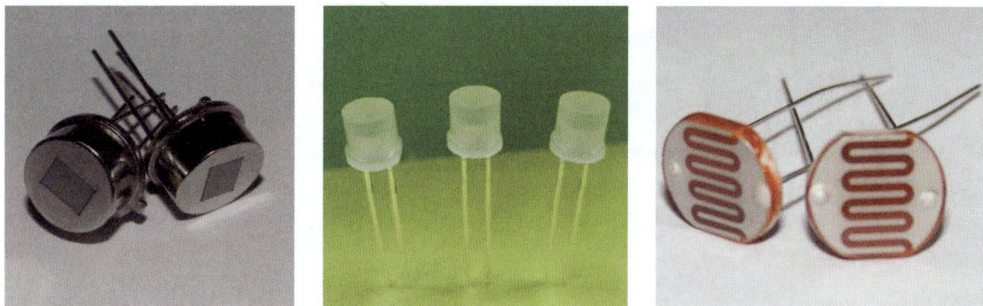

图 3.2.1　常见的光敏传感器

大自然中存在各种形式的光，如阳光（见图 3.2.2）、灯光。光敏传感器是利用光敏元件将光信号转换为电信号的传感器，它的敏感波长在可见光波长附近，包括红外线波长和紫外线波长。光敏传感器不只局限于对光的探测，它还可以作为探测元件组成其他传感器，对许多非电量进行检测，只要将这些非电量转换为光信号的变化即可。

图 3.2.2　阳光

最简单的光敏传感器是光敏电阻，它能感应光线的明暗变化，输出微弱的电信号。通过简单的电子线路放大处理，光敏电阻可以控制 LED 灯的自动开关。

光敏传感器在自动控制、家用电器中得到了广泛的应用，可用于远程的照明灯具，或在电视机中用作亮度自动调节，以及在照相机中用作自动曝光；此外，光敏传感器也应用在路灯、航标等自动控制电路、卷带自停装置及防盗报警装置中，如图 3.2.3 所示。

图 3.2.3　光敏传感器的应用

此外，光敏传感器还可以应用于太阳能草坪灯、光控小夜灯、监控器、光控玩具、摄像头、防盗钱包、光控音乐盒、音乐杯、人体感应灯等电子产品光自动控制领域。

下面让我们认识一下 Aelos 行李箱中的光敏传感器，如图 3.2.4 所示。将光敏传感器安装到 Aelos 的端口上时，改变周围环境的光线强度，可以看到对应端口的数值变化，数值与光线强度成反比，即：光线越强，数值越小。

图 3.2.4　光敏传感器

2　变量的使用方法

变量是编程中非常重要的一个概念，可以说大多数程序的编写离不开变量的运用。下面我们就来学习在传感器相关编程中是如何创建及运用变量的。

将光敏传感器安装在机器人 3 号端口。在指令栏"控制器"中选择"传感器模块"积木块，将传感器端口改为 3（见图 3.2.5）。

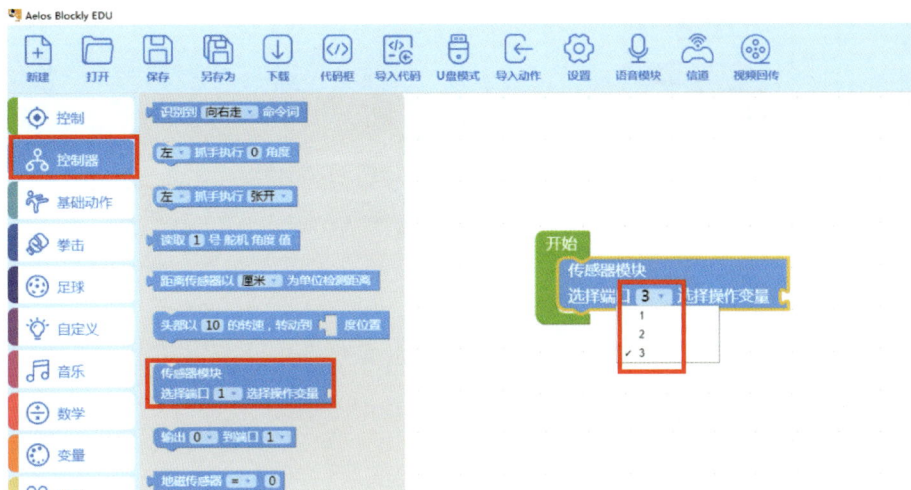

图 3.2.5　传感器模块的使用

在指令栏"变量"中,单击创建变量选项,在新变量的名称中输入"A",单击确定,完成变量的创建(见图 3.2.6)。

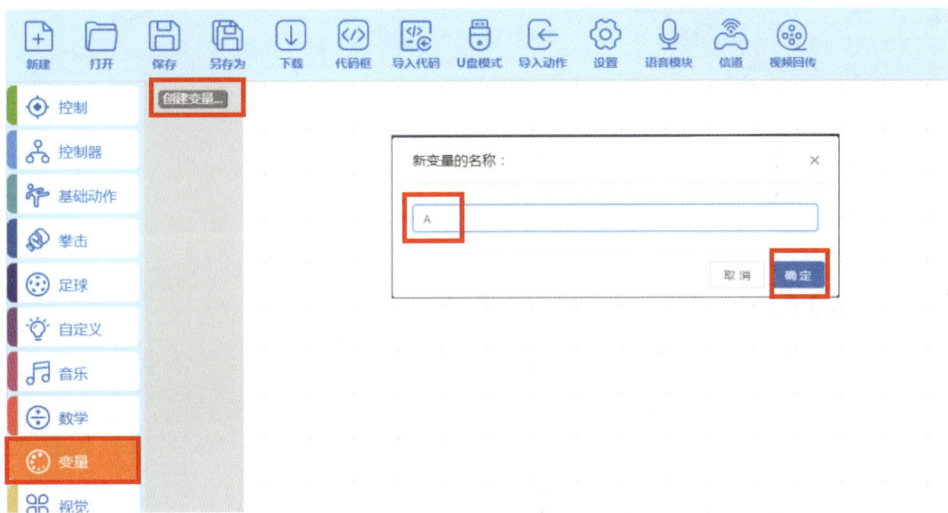

图 3.2.6　传感器模块的使用

将变量"A"拖曳至"传感器模块"积木块中,与"传感器模块"积木块相连接。此时 3 号传感器的数值就赋值给了变量"A"。接下来变量"A"在使用中就表示 3 号传感器数值(见图 3.2.7)。

如果 3 号传感器的数值大于 50,让机器人执行"举右手"动作;否则执行"下蹲"动作(见图 3.2.8)。

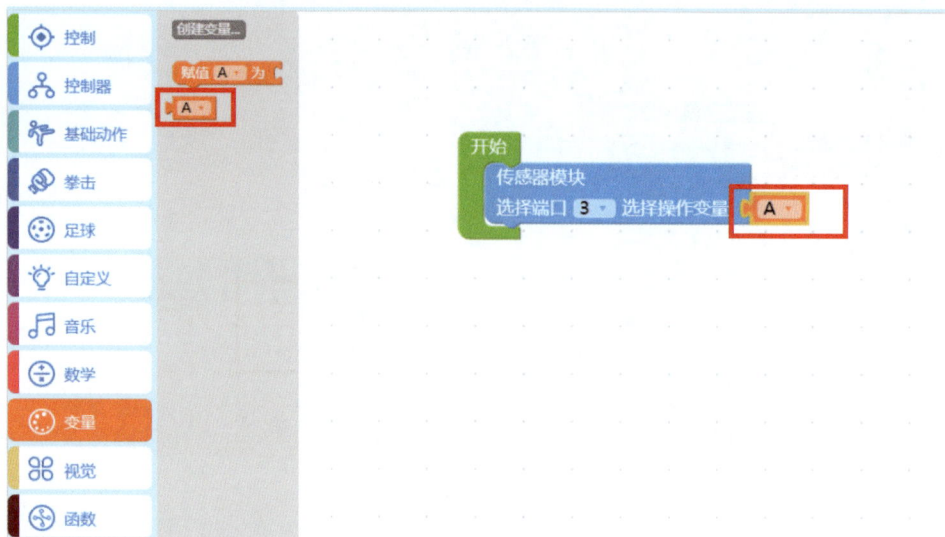

图 3.2.7　变量的赋值

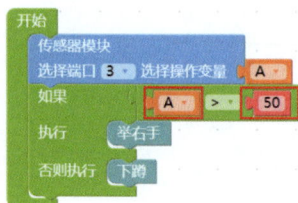

图 3.2.8　变量使用程序示例

3　LED 灯

　　发光二极管（简称 LED）是一种能将电能转化为光能的半导体电子元件，通过机器输出的电压来实现 LED 灯的点亮和熄灭。在程序和足够的电压支持下，机器还可以完成对更多 LED 灯的控制，甚至完成特定的灯光效果。

　　在生活中我们经常会用到电灯，并通过开关来控制灯的点亮和熄灭，打开开关给电灯通电，电灯点亮；关上开关给电灯断电，电灯熄灭。通过程序控制 LED 灯点亮或者熄灭，需要用 Aelos 可以理解的语言给 Aelos 发布相应的指令，故通常用 0 和 1 分别代表点亮和熄灭指令。

　　将 LED 灯安装到 Aelos 胸前的 1 号端口，执行图 3.2.9 所示程序，Aelos 胸前的 LED 灯将会被点亮。

　　我们会发现，LED 灯并没有实现我们预想的闪烁效果，而是一直处于点亮状态。这是怎么回事呢？怎么实现 LED 灯的一闪一灭呢？这就要增加延迟（见图 3.2.10），你想到了吗？

图 3.2.9　点亮 LED 灯程序

图 3.2.10　闪烁的 LED 灯程序

4　夜幕下的城堡

机器人王国为了更好地展现科技的魅力，庆典中不仅有炫酷的灯光，还有精彩的舞蹈表演。人类作为 Aelos 的好朋友，也被邀请参观夜幕下的城堡，让我们一起来揭开夜幕下的城堡的面纱！

项目要求

Aelos 机器人方阵舞蹈表演时长为 2 分钟，当按下 1 号按键时，Aelos 方阵集体执行大鹏展翅动作，当光线较暗时，点亮胸前的 LED 灯，播放音乐并开始表演。此外，当按下 2 号按键时，Aelos 执行背手鞠躬动作，向人类朋友表达问候。

项目准备

（1）掌握光敏传感器的使用方法；

（2）掌握通过音乐模块演奏音乐的方法；

（3）掌握 LED 灯的使用方法；

（4）通过函数来设计并编写舞蹈表演程序。

项目预热

一个较大的程序一般应分为若干个程序块，每一个程序块用来实现一个特定的功能。所有的高级语言中都有子程序这个概念，用子程序来实现这种功能。

比如在 C 语言中，子程序是由函数实现的，一个 C 语言程序可由一个主函数和若干个函数构成，由主函数调用其他函数，其他函数也可以相互调用，同一个函数可以被一个或多个函数调用任意多次。教育版软件也支持函数的定义和使用，如图 3.2.11 所示。

图 3.2.11　函数积木块

项目步骤

程序分析：

根据项目要求，程序需要通过遥控器控制，按下不同按键时执行不同的命令。

程序应根据光线的强弱来开启灯光，使用积木块的嵌套形式进行程序设计，完成夜幕下的城堡项目。

程序实践：

Step 1：安装传感器

从 Aelos 的行李箱中取出 LED 灯、光敏传感器，分别安装在 1 号、2 号端口。

Step 2：舞蹈表演设计

将舞蹈表演动作独立编写在函数中，这样我们在主程序中就可以直接使用已经编写好的函数积木块，这也为后期表演的更改提供了方便，如图 3.2.12 所示。

Step 3：创建变量

创建变量"A"存储遥控器按键情况，变量"B"存储2号传感器端口的数值，如图3.2.13所示。

图 3.2.12　舞蹈表演程序

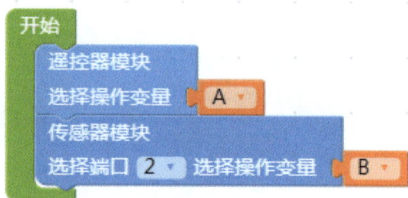

图 3.2.13　创建变量程序

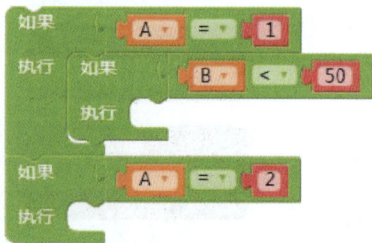

图 3.2.14　条件判断程序

Step 4：条件判断

通过"如果□执行"积木块的使用，来判断遥控器 1 号按键和 2 号按键是否被按下，以及光敏传感器检测到的光线强弱，如图 3.2.14 所示。

程序设计示例

根据程序分析与程序步骤，设计夜幕下的城堡程序，如图 3.2.15 所示。

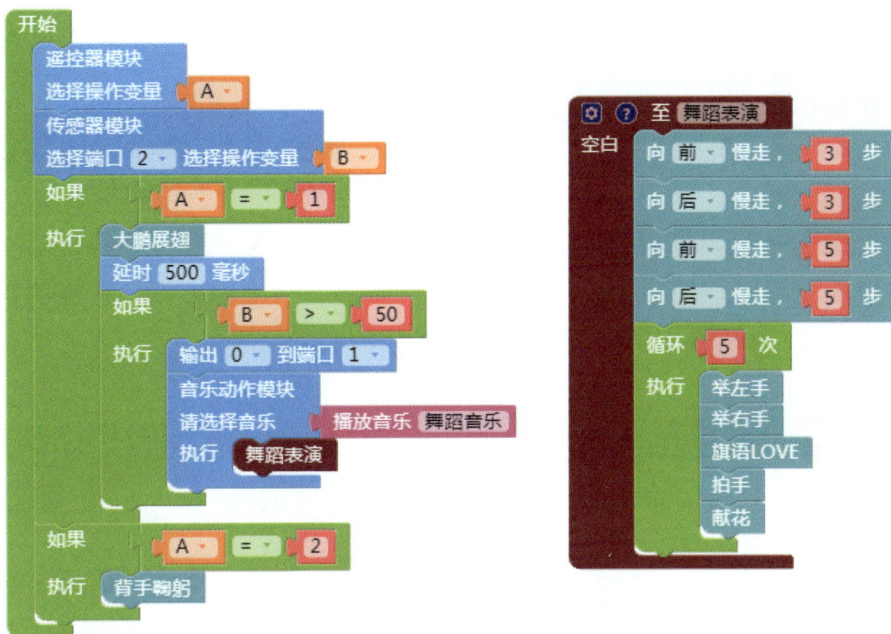

图 3.2.15　夜幕下的城堡程序

夜幕下的城堡程序实现了按键控制、光线检测、LED 灯闪烁以及舞蹈表演功能。在光敏传感器的帮助下，Aelos 获取到外界信息，并通过程序进行判断，实现 Aelos 的舞蹈表演功能。仪式即将来临，让我们陪 Aelos 一起彩排吧！

项目总结

夜幕下的城堡项目，你完成了吗？

记得填写项目总结报告，分享你的收获哦！

夜幕下的城堡			
1	认识光敏传感器	□完成	□未完成
2	掌握光敏传感器的原理	□完成	□未完成
3	认识 LED 灯	□完成	□未完成
4	掌握 LED 灯的原理	□完成	□未完成
5	认识音乐模块	□完成	□未完成
6	掌握添加音乐的基本方法	□完成	□未完成
7	函数的使用	□完成	□未完成
我的收获：			

3.3 格斗机器人

　　知道了 Aelos 的神奇行李箱里面有各种功能的传感器后。你是否已经跃跃欲试，想自己实践起来玩一玩？本章中，我们将举办一场机器人格斗赛。参加机器人格斗比赛的"参赛者"们，准备设计一个自己的战斗机器人吧！

学习目标

- 了解触摸传感器和触碰传感器的原理；
- 触摸传感器和触碰传感器的应用；
- 完成格斗机器人程序设计。

1　触摸传感器

　　同学们一定玩过很多电动玩具吧，我们常常用开关或者按钮来控制电动玩具的动作，我们可不可以用相似的方式来控制程序呢？在 Aelos 的行李箱中有没有什么宝贝可以帮助我们呢？程序员为 Aelos 配备了触摸传感器和触碰传感器。本节中，我们就来看一看如何使用触摸传感器和触碰传感器完成更有意思的游戏设计吧！

　　随着社会不断进步，科学技术得到极大提升，在我们的家庭生活中触摸感应开关被大量使用，相信大家对于触摸感应开关一定不会陌生。触摸感应开关具有独特的算法，能有效地避免按键误触发。

　　触摸开关是应用触摸感应芯片原理设计的一种开关，是传统机械按键式开关的换代产品，具有传统开关不可比拟的优势，是目前智能家居产品中非常流行的一种开关。

　　触摸开关广泛适用于遥控器、灯具调光，以及车载、小家电和家用电器控制界面等，芯片内部集成了触摸检测器件和专用信号处理电路。

　　目前我们使用的触摸传感器是电阻式触摸传感器，它的工作原理是通过表面压力的改变而改变电阻，当笔或手指按压外表面上任意一点时，在按压处，控制器会侦测到电阻产生的变化，并通过控制器处理后输出信号。

　　拿出 Aelos 行李箱中的触摸传感器，把触摸传感器放到 Aelos 的端口上时，可以看到此时对应端口的读数数值为 209 左右，即高电平；当我们用手按压一下触摸传感器的时候，端口的数值就变成了 1，即低电平，再按压一次则恢复为高电平。所以我们可以把它理解为一个开关，按一下"打开"，再按一下"关闭"。

给机器人带上触摸传感器后，我们可以根据触摸传感器的原理来编写程序，设定一个条件来触发一个动作的发生和结束。

将触摸传感器安装在机器人 1 号端口，创建变量 "A" 来存储 1 号触摸传感器的数值，如图 3.3.1 所示。

用手按压一下触摸传感器，机器人执行 "连续出拳" 动作，再按压一次就停止动作，如图 3.3.2 所示。

图 3.3.1　变量 "A" 存储触摸传感器数值

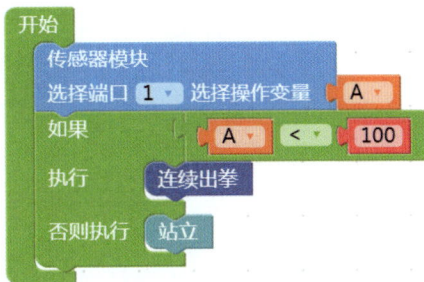

图 3.3.2　触摸传感器条件判断

通过实践我们发现，第一次按压触摸传感器时，机器人会持续执行 "连续出拳" 动作，再次按压触摸传感器，机器人就会停下来。触摸传感器就像一个开关一样，可以有两个状态：打开和关闭。

那触碰传感器又是如何工作的呢？想一下，我们在走路时如果不小心撞上了物体，会立刻停下来，那如果机器人撞上了物体后，机器人要怎样知道应该停下来，而不是继续前进呢？这个时候我们就可以使用触碰传感器，它可以 "感受" 碰撞，将它安装在机器人的端口上后，可以保护机器人的安全，那它到底是怎样保护机器人的呢？

2　触碰传感器

触碰传感器（又叫碰撞传感器）是一个利用接触片来实现触碰检测功能的电子部件，主要用于检测外界触碰情况。当按下触碰传感器按钮的时候，电路接通；当松开触碰传感器按钮的时候，传感器反馈的数值是 0。这样，程序便可以通过检测到的数值来判断是否有碰撞发生。

在现实生活中，利用触碰传感器，可以在有物体发生碰撞时触发应急反应，例如汽车上的安全气囊装置便利用了触碰传感器。

不过不同的是，用于安全气囊装置的传感器并不像我们现在认识的传感器，只有接通和未接通两种状态，而是根据所受碰撞程度不同，有不同的返回值，并利用这些不同的返回值来判断什么时候点爆安全气囊。触碰传感器可以检测机器人是否碰撞到了什么东西，并立即触发预先设置好的操作。

接下来试一试触碰传感器是如何工作的吧！给机器人带上触碰传感器，如图 3.3.3 所示，观察机器人背后显示屏上的数值，然后按一按触碰传感器上的按钮，同时观察机器人背后显示屏上的数值。观察发现，按下触碰传感器上的按钮时数值为 209 左右，未按下按钮时数值为 0 左右。

给机器人带上触碰传感器后，我们可以根据触碰传感器的原理来编写程序，设定一个条件，当满足这个条件时触发某个动作。

图 3.3.3　触碰传感器

将触碰传感器安装在机器人的 2 号端口，创建变量"B"来存储 2 号触碰传感器获得的数值，如图 3.3.4 所示。

当我们用手按下触碰传感器上的按钮时，机器人执行"连续出拳"动作；未按下按钮时，机器人一直保持站立，如图 3.3.5 所示。

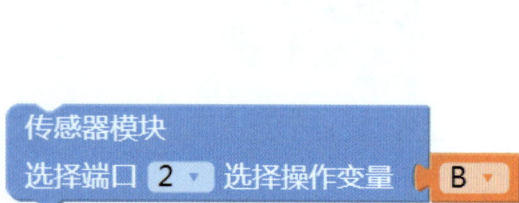

图 3.3.4　变量"B"存储触碰传感器数值

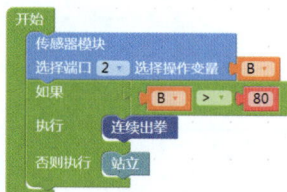

图 3.3.5　触碰传感器条件判断

现在你知道触摸传感器和触碰传感器的区别了吧？接下来自己动手设计一个更好玩的程序吧！

3　课堂实践：格斗机器人

机器人格斗赛即将开幕，比赛根据机器人被击中的次数判断比赛结果，当机器人被击中 3 次时，"选手"会被淘汰出局。在赛场上，虽然比赛能得到荣誉，但是友谊却比其他更重要，大家要互帮互助才能创建美好的未来！

项目要求

Aelos 机器人作为比赛的守擂方，需要在擂台四周巡逻，且不得主动攻击对手，当 Aelos 被击中时，方可进行反击，当机器人被击中 3 次后，将会被淘汰。

项目准备

（1）触碰传感器及 Aelos 机器人；
（2）掌握触碰传感器的使用方法；
（3）能够熟练地使用与循环功能相关的积木块。

项目步骤

程序分析：

根据比赛要求，程序需要用触碰传感器统计机器人被击中的次数，以及判断是否可以反击，当机器人被击中 3 次，比赛将会结束，Aelos 需要执行背手鞠躬动作。

程序实践：

Step 1：声明变量

声明变量 hited、number，分别用于存储获取到的触碰传感器数值及机器人被击中的次数。

Step 2：反击

当触碰传感器被击中，Aelos 机器人将会进行反击，执行连续出拳动作。此时，需要使用"如果□执行□否则执行"积木块，进行程序设计，如图 3.3.6 所示。

Step 3：统计被击中次数

变量 number 初始值为 0，当 Aelos 机器人被击中时，需要通过"赋值□为□"积木块，将变量 number 赋值为 number+1，如图 3.3.7 所示。

图 3.3.6　Aelos 反击程序

Step 4：淘汰退场

使用积木块"循环直到□执行"，当 Aelos 机器人被击中 3 次，即"number = 3"，选手就被淘汰退场，比赛结束，如图 3.3.8 所示。

图 3.3.7　统计被击中次数程序

程序设计示例

根据程序分析与程序实践，设计格斗机器人程序，如图 3.3.9 所示。

图 3.3.8　淘汰退场的条件程序

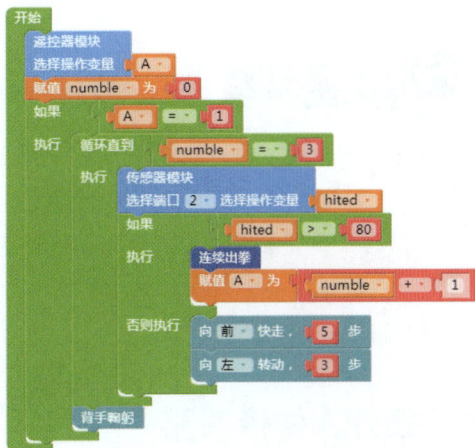

图 3.3.9　格斗机器人程序

格斗机器人程序实现了计分以及控制 Aelos 机器人反击的功能，并能在比赛结束后，控制 Aelos 机器人执行背手鞠躬动作，完成退场。

项目总结

格斗机器人项目，你完成了吗？

记得填写项目总结报告，分享你的收获哦！

机器人格斗比赛			
1	了解触摸传感器和触碰传感器的原理	☐完成	☐未完成
2	机器人格斗动作的设计	☐完成	☐未完成
3	深入理解变量的应用	☐完成	☐未完成
4	积分方式	☐完成	☐未完成
我的收获：			

3.4 Aelos 阅兵表演

国庆时，各国都要举行不同形式的庆祝活动，以加强本国人民的爱国意识，增强国家的凝聚力。机器人军团也准备了一场精彩的阅兵表演，Aelos 机器人方阵是阅兵表演中一个重要的方阵。本节中，让我们帮助 Aelos 机器人完成阅兵表演吧！

学习目标

- 认识红外人体传感器；
- 掌握红外人体传感器的基本原理及应用；
- 掌握综合运用传感器的方法；
- 完成 Aelos 阅兵表演程序。

1 红外人体传感器

魔术演员有一双神奇的魔力手，哪怕没有触碰到开关，也能控制房间里的灯光，你知道其中的奥秘吗？本节中，让我们一起走进魔术世界，认识一款新的传感器——红外人体传感器。

　　红外人体传感器是一种热释电传感器，热释电传感器的滤光片为带通滤光片，它封装在传感器壳体的顶端，使特定波长的红外辐射选择性地通过，到达热释电探测元且在其截止范围外的红外辐射则不能通过。Aelos 行李箱中的红外人体传感器如图 3.4.1 所示。

图 3.4.1　Aelos 行李箱中的红外人体传感器

　　热释电探测元是热释电传感器的核心元件，它是在热释电晶体的两面镀上金属电极后，加电极化制成，相当于一个以热释电晶体为电介质的平板电容器。当它受到非恒定强度的红外光照射时，产生的温度变化导致其表面电极的电荷密度发生改变，从而产生热释电电流。

　　探测元的原理参考了菲涅耳透镜（Fresnel lens），又译菲涅尔透镜，别称螺纹透镜，是由法国物理学家奥古斯丁·菲涅耳所发明的一种透镜。此设计原来被应用于灯塔，这个设计可以建造更大直径的透镜，其特点是焦距短，且比一般的透镜的材料用量更少、重量与体积更小。和早期的透镜相比，菲涅耳透镜更薄，因此可以传递更多的光，当用于灯塔上时，即使距离相当远人们仍可看见灯光。

　　目前，红外人体传感器广泛地应用于防盗报警、来客告知及非接触开关等领域，如图 3.4.2 所示。

防盗报警器　　　　来客告知玩偶　　　　感应灯

图 3.4.2　红外人体传感器的应用

课堂小练习　Aelos 的智能感应灯

　　智能家居已经走进人们的生活，Aelos 作为智能机器人是如何在主人到家的第一时间，为主人点亮一盏灯的呢？通过智能感应灯程序，借助红外人体传感器和光敏传感器为主人制作一盏感应灯吧！

　　将 LED 灯、光敏传感器以及红外人体传感器分别安装在 1 号、2 号和 3 号端口，规定当光敏传感器获取到的数值大于 50 且红外人体传感器的数值不为 0 时，LED 灯亮；否则，LED

灯熄灭。光控小夜灯程序中，需要使用"如果□执行□否则执行"积木块进行嵌套实现最终程序，智能感应灯具体程序如图3.4.3所示。

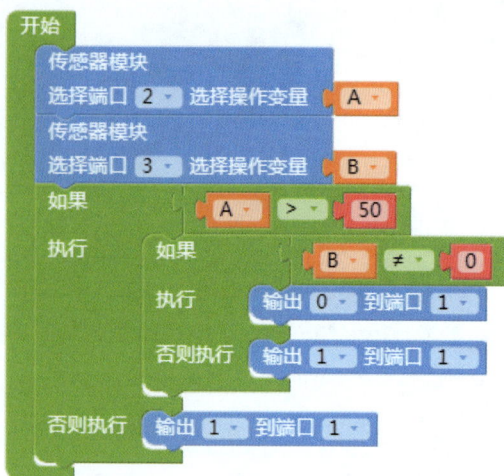

图 3.4.3　智能感应灯程序

2　头部和抓手的使用

"咚——咚——咚"这是士兵前进的脚步声，他们正踏着雄壮的步伐前进。"咚——咚——咚"多么有劲，多么铿锵有力的步伐声啊！

每当看到阅兵，那种振奋人心的气势，对每个人都是一种鼓舞。如果不是看电视，而是去现场，更会油然而生一种敬意。整齐划一行进的军队，就像有魔力一般。Aelos 也做了严格的训练，在表演中，还加入了头部的转动和抓手的张合，下面看一下头部和抓手的具体使用吧！

头部舵机的使用方法

头部为 19 号舵机，舵机值范围为 20 ~ 180，但使用时应尽量保持在 25 ~ 175，避免设置为极限值时损坏舵机，舵机转动速度不要超过 30，自然站立状态下头部舵机值为 100 左右，舵机数值从右向左逆时针逐渐增大。在"控制器"指令中有两个关于头部舵机

图 3.4.4　头部舵机动作积木块

的积木块，分别是"读取 1 号舵机角度值"积木块、"头部以□的速度，转到□度位置"积木块，头部舵机动作积木块如图 3.4.4 所示。

例如：当按下 1 号按键，如果头部舵机数值大于等于 50，机器人会挠头，否则站立不动。当按下 2 号按键，头部以 25 的速度转到 15 度位置，停 500 毫秒，以 10 的速度转到 185 度位置，停 500 毫秒，以 20 的速度转到 100 度位置，并站立不动，如图 3.4.5 所示。

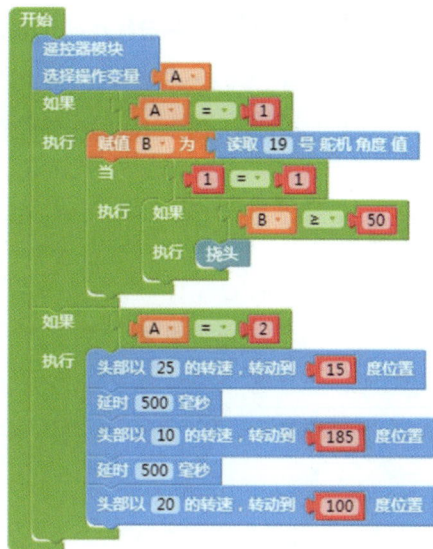

图 3.4.5　头部舵机的使用

机械抓手的使用方法

左机械手为 17 号舵机，右机械手为 18 号舵机，张开角度范围为 0 ~ 40°，抓取最大尺寸为 50mm，抓取最大重量为 0.1kg。自然状态下抓手有一定的初始张开角度。在"控制器"指令中有"□抓手执行□角度"积木块和"□抓手执行□"积木块，如图 3.4.6 所示。

图 3.4.6　与机械抓手的有关积木块

例如：按 1 号按键，左手张开 40°，并保持该状态；按 2 号按键，右手夹取至最小角度，并保持该状态；按 3 号按键，双手先张开再夹取，并保持该夹取状态，如图 3.4.7 所示。

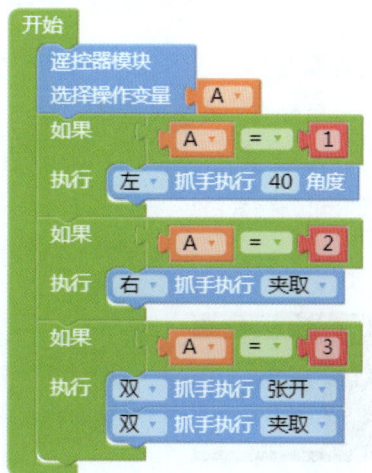

图 3.4.7　机械抓手的使用

3 课堂实践：Aelos 阅兵表演

为了更好地展现科技的魅力，机器人王国特将 Aelos 阅兵表演的时间安排在傍晚。人类作为 Aelos 的好朋友，也被邀请参观，让我们一起看看 Aelos 方阵的阅兵表演吧！

项目要求

Aelos 机器人方阵阅兵表演时长为 3 分钟。夜晚来临时，Aelos 机器人胸前的 LED 灯点亮，阅兵仪式正式开始。当机器人军官按下 1 号按键时，Aelos 方阵集体执行向右看齐动作；当机器人军官按下 2 号按键时，Aelos 方阵集体执行敬礼动作；当机器人军官按下 3 号按键时，Aelos 方阵集体执行向前走的动作；当检测到有人时，Aelos 机器人开始舞蹈表演。

项目准备

（1）掌握红外人体传感器的使用方法；
（2）掌握机器人动作编辑方法；
（3）掌握头部、抓手舵机的使用方法；
（4）掌握程序结构的综合灵活使用。

项目步骤

程序分析：

根据项目要求，程序需要允许人们通过遥控器控制机器人执行动作，并且程序要能够通过传感器判断是否检测到人类，使用"如果□执行□否则执行"积木块的嵌套形式，进行程序设计，完成 Aelos 阅兵表演程序。

程序实践：

Step 1：安装传感器

从 Aelos 的行李箱中取出 LED 灯、光敏传感器以及红外人体传感器，分别安装在 1 号、2 号和 3 号端口。

Step 2："向右看齐"动作设计

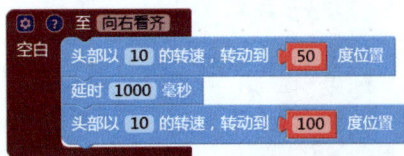

图 3.4.8　向右看齐程序

"向右看齐"动作，头部以 10 的转速，转动到 50 度位置，1 秒后再回到中间位置。将此动作独立编写在函数中，这样我们的主程序看起来就会更加清晰明了，如图 3.4.8 所示。

Step 3：光线检测

通过光敏传感器，可以获取相应的数值，判断是否有光线以及光线是否足够暗，并使用"如果□执行"积木块，控制不同条件下，Aelos 机器人将执行的任务。具体程序如图 3.4.9 所示。

图 3.4.9　光线检测程序

Step 4：红外人体检测

通过红外人体传感器，可以获取相应的数值，判断是否有人类朋友经过，并使用"如果□执行□否则执行"积木块，控制不同条件下，Aelos 机器人将执行的任务，具体程序如图 3.4.10 所示。

图 3.4.10　红外人体检测程序

程序设计示例

根据程序分析与程序步骤，设计 Aelos 阅兵表演程序，使用动作视图区的生成模块，编辑一套舞蹈表演动作，命名为舞蹈表演。如图 3.4.11 所示。

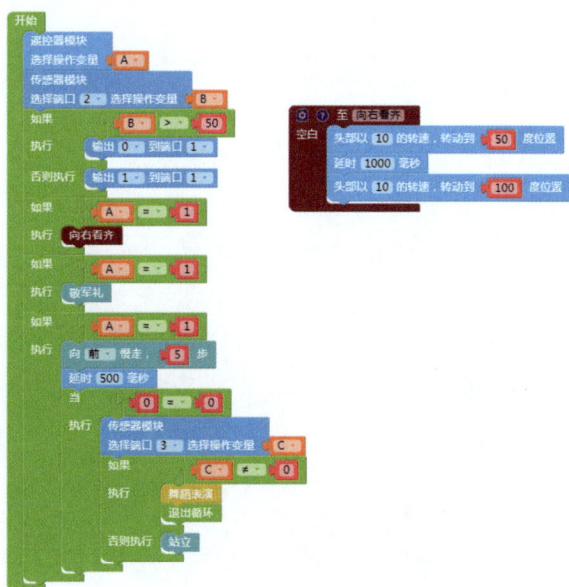

图 3.4.11　Aelos 阅兵表演程序

　　Aelos 阅兵表演程序实现了遥控器控制、红外人体检测、光线检测以及舞蹈表演功能。在红外人体传感器、光敏传感器的帮助下，Aelos 机器人获取到外界信息，并通过程序进行判断，实现了 Aelos 阅兵表演功能。阅兵仪式即将来临，让我们陪 Aelos 机器人一起彩排吧！

项目总结

　　Aelos 阅兵表演项目，你完成了吗？

　　记得填写项目总结报告，分享你的收获哦！

Aelos 阅兵表演				
1	认识红外人体传感器		□完成	□未完成
2	掌握红外传感器的原理		□完成	□未完成
3	掌握头部舵机和抓手的使用		□完成	□未完成
4	掌握函数的使用		□完成	□未完成
5	传感器的综合运用		□完成	□未完成
我的收获：				

第 四 章

Aelos 传感器（下）

我们已经初步了解了传感器，掌握了一些传感器的原理，并且完成了一些简单的传感器应用案例。在 Aelos 机器人的行李箱中，还有更加好玩的传感器，下面我们就一起来挑战更加复杂的创作吧！

学习目标

进一步认识传感器，可以区分各个传感器的特点、功能和作用；掌握 Aelos 传感器的使用方法；能够熟练地运用 Aelos edu 软件中的积木块，获取和设置传感器的检测数值；能够运用已经学到的内容并调用与"传感器"功能相关的积木块完成各小节相应的实践程序。

学习重点、难点

学习重点

- 认识传感器，了解传感器的基本原理；
- 认识 Aelos 行李箱中的传感器，掌握 Aelos 传感器的使用方法；
- 能够熟练地运用 Aelos edu 软件中的积木块，获取和设置传感器的检测数值；
- 能够独立完成各小节相应的实践程序。

学习难点

- 了解传感器的基本原理；
- 运用 Aelos edu 软件中的积木块，获取和设置传感器的值；
- 各小节相应的实践程序。

4.1 无人驾驶

同学们想象过吗？假如若干年后，人类真的进入了无人驾驶时代，我们今天的很多生活方式和状态，毫无疑问要发生翻天覆地的变化。无人驾驶时，闲下来的人们，可以在车里谈天说地、召开会议、研究问题，等等。车子就变成了我们的另一个工作场所和休息场所，我们可以做一些更有意义的事情，然后就到达了目的地。

学习目标

- 认识红外距离传感器，了解红外距离传感器的原理；
- 了解菜单栏中的"语音模块"，掌握简单的语音指令；
- 完成"无人驾驶"程序设计。

1 红外距离传感器

同学们听说过无人驾驶技术吗？机器人世界里有一个非常厉害的成员——无人驾驶汽车，这是一种智能汽车，也被称为轮式移动机器人。这个厉害的家伙是怎么工作的呢？

无人驾驶汽车主要依靠车内的以计算机系统为主的智能驾驶仪来实现无人驾驶。无人驾驶汽车是一种智能汽车，能通过车载传感系统感知道路环境，自动规划行车路线并控制车辆到达预定目标。无人驾驶汽车利用车载传感器来获得道路、车辆位置和障碍物信息，自动控制车辆的转向和速度，从而使车辆能够安全、可靠地在道路上行驶。这里说的车载传感器主要是指距离传感器。

在 Aelos 机器人的行李箱中，也有一个可以远距离感知物体是否存在的传感器，本节中，让我们一起来认识红外距离传感器吧！

Aelos 机器人能做许多人类所不能的事。像地震，以及海啸等自然灾害都严重影响了人类的生命安全，自然灾害带来的破坏，给营救者带来了极大的风险，这时机器人就可以很好地代替营救者来搜救被困人群。传感器是搜救机器人不可缺少的器件，Aelos 机器人身体上有很多种传感器，其中就有红外距离传感器，红外距离传感器对工作环境的要求极低，可以在恶劣的工业环境中工作。

红外距离传感器是一种传感装置，是以红外线为介质的测量系统，测量范围广、响应时间短，主要应用于现代科技、国防和工农业领域。红外距离传感器具有一对红外信号发射与接收二极管，红外距离传感器利用红外信号发射二极管发射出一束红外光，在照射到物体后形成一个反射的过程，反射到传感器后接收信号，然后利用发射与接收的时间差，经信号处理器处理后计算出传感器到物体的距离（见图 4.1.1）。

图 4.1.1 红外距离传感器

我们的日常生活中也有许多红外距离传感器的应用。比如，银行、商场等大型公共场所的感应门，当有人靠近时，门会自动打开，没有人时门又会自动关闭；我们使用的感应水龙头，当我们的手放在水龙头下面时，水龙头会自动出水；快递分拣车间利用红外距离传感器实时监测传送带上的货物（见图 4.1.2）……

感应门

感应水龙头

流水线货物监测

图 4.1.2 红外传感器的应用

光的反射

我们知道，红外距离传感器会向物体发射红外光，该光束经物体反射后被传感器接收，从而使传感器感受到物体的存在。那么，同学们知道光的反射原理吗？简单来说，光的反射是一种光学现象，指光在传播到不同物质时，在分界面上改变传播方向又返回原来物质中的现象。反射光线与入射光线、法线在同一平面上；反射光线和入射光线分别居于法线的两侧；反射角等于入射角。光具有可逆性，光的反射现象中，光路是可逆的（见图 4.1.3）。

图 4.1.3　光的反射

红外距离传感器有如此强大的功能，接下来让我们一起为 Aelos 机器人设置一些障碍，看看聪明的 Aelos 机器人能不能成功躲过这些障碍吧。

课堂小练习　红外距离传感器的使用

Aelos 机器人的红外距离传感器是一个内置传感器，它的检测范围为 20 ～ 120cm。在软件"控制器"模块中有一个"距离传感器以□为单位检测距离"积木块，用法如图 4.1.4 所示，图中程序的意思是：当 B 大于等于 35cm 时，机器人慢走；当 B 小于 35cm，并大于等于 21cm 时，机器人左移；当 B 小于 21cm 时，机器人慢退。

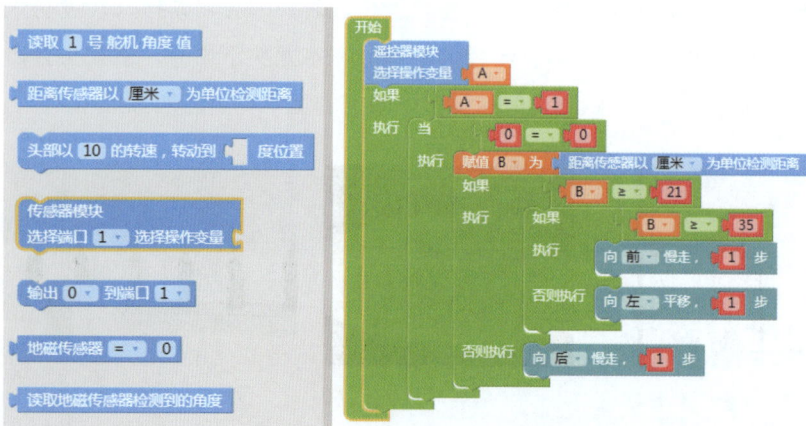

图 4.1.4　红外距离传感器的使用

2　语音模块

不同国家，甚至不同地区中人们使用的语言各不相同。我们都知道，程序是我们与机器人交流的方式，那机器人可以听得懂我们说的话吗？

语音识别技术，也被称为自动语音识别，其目标是将人类的语音中的词汇内容转换为计算机可读的输入信息，例如按键、二进制编码或者字符序列。语音识别也是智能机器人技术的重要研究领域之一。

Aelos 机器人也可以通过语音传感器听懂人们说的话，与我们进行沟通，Aelos 机器人中的语音传感器，如图 4.1.5 所示。

Aelos 机器人能够听懂的词汇有限，具体的命令词如表 4-1 所示。下面让我们一起认识 Aelos 的命令词吧！

图 4.1.5　语音传感器

表 4-1　Aelos 机器人命令词

命令类型	命令词
控制类（20 个）	向前快走、向后快走、向前慢走、向后慢走、向左走、向右走、向左转、向右转、看前面、看左边、看右边、合拢右抓手、合拢左抓手、打开左抓手、打开右抓手、张开双抓手、关闭双抓手、跳个舞、踢个球、打个拳
自主类（20 个）	任务完成了、任务失败了、下一关、第一关、第二关、第三关、往左偏了、往右偏了、走得对、看对了、这是谁、什么颜色、前面有障碍、向目标靠近、天黑了、有点热、着火了、跟我走、往下蹲点、你过来啊
任务类（15 个）	找到儿童、找到青年、找到红色、找到绿色、找到蓝色、找到黄色、找到黑色、启动遥控器、测量距离、测量温度、测量湿度、拿那个东西、向老师请假、夸一下同学、1 分钟后叫我

课堂小练习　语音模块的使用

首先对语音传感器进行命令词配置，连接语音传感器，单击菜单栏中的"语音模块"按钮后，在"控制类"词库中选择向前快走、向后快走、向前慢走、向后慢走、向左走、向右走、向左转、向右转命令词进行配置，如图 4.1.6 所示。

在"控制器"指令集中，选择"识别到□命令词"积木块，进行命令词的执行动作设计，如图 4.1.7 所示。

图 4.1.6　命令词配置

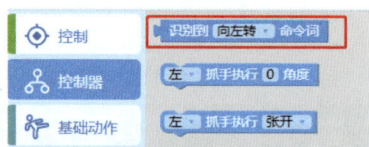

图 4.1.7　"识别到□命令词"积木块

3　课堂实践：无人驾驶

时间定格至 2032 年。洛杉矶警察局前警官约翰·史巴坦在冰封沉睡 30 年后醒来，发现周围的一切都跟他沉睡前不一样了，包括驾驶技术。在 1993 年上映的电影《越空狂龙》中，绝大多数汽车是无人驾驶车，当然这些都是概念汽车。此刻，我们就让 Aelos 机器人将"无人驾驶"变为现实吧！让我们一起帮助 Aelos 完成"无人驾驶"！

项目要求

要实现无人驾驶需要解决两个问题，第一个是让无人驾驶汽车接收外界的信息，获取机器人和外界障碍物之间的距离，或者通过"语音模块"得到指令。第二个是根据所获得的距离信息执行相应的动作指令，或者根据接收到的语音信息执行相应的动作。

项目准备

（1）条件积木块的正确使用；

（2）熟练地掌握红外传感器的使用；

（3）能够熟练地使用"语音模块"的相关功能；

（4）熟练地掌握与"传感器"功能相关积木块的综合运用。

项目步骤

程序分析：

我们用传感器检测到的数值是否小于 50 来作为判断条件，如果小于 50 说明机器人已经靠近障碍，需要进行躲避，让 Aelos 进行右转的操作；如果大于等于 50 则继续前进。单击菜单栏中的"语音模块"按钮，配置合适的控制类命令，并执行相应的动作。

程序实践：

Step 1：安装传感器

在 Aelos 行李箱中，取出语音传感器并安装在 3 号端口。

Step 2：命令词配置

在菜单栏"语音模块"里的"控制类"词库中选择合适的命令词进行配置。

Step 3：创建变量

创建变量"A"存储距离传感器检测到的距离，如图 4.1.8 所示。

Step 4：障碍物距离检测程序

根据程序分析，如果距离传感器检测到的数值小于 50 说明机器人已经靠近障碍，需要进行躲避，让 Aelos 进行右转的操作；如果大于等于 50 则继续前进，如图 4.1.9 所示。

图 4.1.8 创建变量

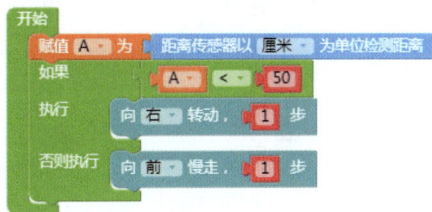

图 4.1.9 障碍物距离检测程序

Step 5：命令词控制程序设计

在配置完成命令词后，"识别到口命令词"积木块就可以识别配置好的命令词了，我们可以根据命令词设计相应的动作程序，如图 4.1.10 所示。

程序设计示例

根据程序分析与程序步骤，设计"无人驾驶"程序，如图 4.1.11 所示。

这个驾驶程序是红外传感器和语音模块的综合运用，听到语音命令后，机器人会执行相应的动作，这增加了程序的趣味性。

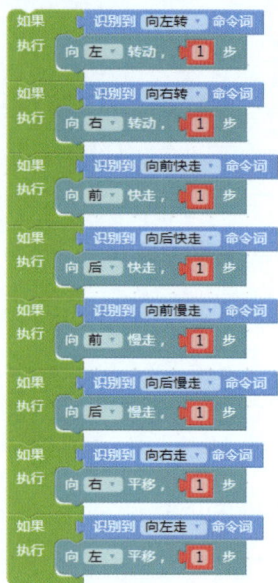

图 4.1.10　命令词控制程序　　　　图 4.1.11　"无人驾驶"程序

项目总结

"无人驾驶"项目，你完成了吗？

记得填写项目总结报告，分享你的收获哦！

无人驾驶			
1	认识红外距离传感器	□完成	□未完成
2	掌握红外距离传感器的使用方法	□完成	□未完成
3	认识语音模块	□完成	□未完成
4	掌握语音传感器的使用方法	□完成	□未完成
5	"传感器"功能相关积木块的综合运用	□完成	□未完成
我的收获：			

4.2　丛林追踪

　　纸上得来终觉浅，绝知此事要躬行。Aelos 机器人经过一系列的军事演习后，需要经过丛林追踪的考验，才能够从机器人军校毕业，本节中，让我们帮助 Aelos 机器人完成丛林追踪任务吧！

- 认识地磁传感器，了解地磁传感器的原理与应用；
- 认识中国古代四大发明，了解指南针的原理；
- 能够独立完成丛林追踪程序。

1　地磁传感器

数据采集在交通管理系统中起着非常重要的作用，地磁传感器是数据采集系统的关键组成部分，传感器的性能决定了数据采集系统的准确性。下面我们将一起认识地磁传感器，探索地球上磁场的秘密。

中国古代四大发明，指造纸术、指南针、火药和印刷术，如图 4.2.1 所示，是中国古代对世界具有很大影响的四种发明。

造纸术　　　　指南针　　　　火药　　　印刷术

图 4.2.1　中国古代四大发明

这一说法最早由英国汉学家艾约瑟提出，并为后来许多中国的历史学家所继承，普遍认为这四种发明对中国古代的政治、经济、文化的发展产生了巨大的推动作用，且这些发明经由各种途径传至西方，对世界文明发展也产生了很大的影响。

指南针是用以判别方位的一种简单仪器，前身是司南。主要组成部分是一根装在轴上可以自由转动的磁针。

磁针在地磁场作用下能保持在磁子午线的切线方向上，我们利用这一性能可以辨别方向。指南针常用于航海、大地测量、旅行及军事等方面。

中国是世界上公认的发明指南针的国家。指南针的发明是我国古代劳动人民在长期的实践中对物体磁性认识的结果。由于生产劳动，人们接触了磁铁矿，开始了对磁性质的了解。

最早的指南针是用天然磁铁做成的，这说明中国古代劳动人民很早就发现了天然磁铁及其吸铁性。据史料记载，远在春秋战国时期，由于当时社会正处在奴隶制社会向封建社会过渡的大变革时期，生产力有了很大的发展，特别是农业生产更是发达，因而促进了采矿业、冶炼业的发展。

随着科学技术的发展，指南针也有了新的形式和应用。现有指南针主要有两种类型，一是根据地球磁场的有极性制作的地磁指南针，但这种指南针指示的南北方向与真正的南北方向不同，存在一个磁偏角；二是电子指南针，采用地磁传感器的磁阻（MR）技术，可很好地修正磁偏角的问题，现已大量用于 GPS 定位装置中，如手机 GPS 定位、儿童手表、扫地机器人等，如图 4.2.2 所示。

手机 GPS 定位　　　　儿童手表　　　　　　　　扫地机器人

图 4.2.2　地磁传感器应用

地磁传感器由薄膜合金（透磁合金）制成，利用载流磁性材料在外部磁场存在时，电阻特性将会改变的基本原理进行磁场变化的测量。当传感器接通以后，假设没有任何外部磁场，薄膜合金会有一个平行于电流方向的内部磁化矢量。常见的地磁传感器如图 4.2.3 所示。

事实上，指南针或者地磁传感器能够辨别方向，主要依赖于地磁场，如图 4.2.4 所示。地磁场是地球的固有资源，为航空、航天、航海提供了天然的坐标系，可应用于航天器或舰船的定位定向及姿态控制。利用地球磁场空间分布的磁导航技术便捷高效、性能可靠、能够抗干扰，是不可缺少的基本导航定位手段，如自动化程度很高的波音飞机都装载有磁导航定位系统。

图 4.2.3　常见的地磁传感器

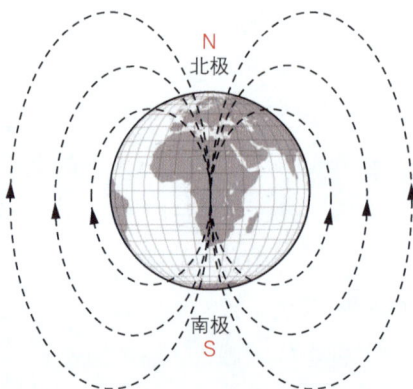

图 4.2.4　地磁场示意图

2　Aelos 的"指南针"

出门在外,辨别方向是基本的生活技能之一。城市高楼耸立,人们很难辨别当前的方向,如何找到前进的方向已然成为一个史诗级的难题。作为智能机器人,Aelos 还具有识别方向的功能。下面让我们一起看看 Aelos 是如何识别方向的吧!

Aelos 机器人身体里内置有一个检测方向的地磁传感器,端口位置为 5 号端口,LED 显示屏中 MAG 的数值就是地磁传感器读出的数据。

如果 Aelos 机器人不能准确识别方向,请单击"地磁校正"按钮,根据相关提示完成地磁校正。

让我们和 Aelos 一起来玩一个电子罗盘的游戏吧。我们只需要准备一个指南针、一张表格,当然还有 Aelos 了。将 Aelos 放在平坦的地面上,然后缓慢转动 Aelos,观察 LED 屏幕上 MAG 数值的变化。

接下来我们拿出指南针,找到正南方向,然后把机器人也转向正南方向,记录下此时 MAG 的数值。同样的道理,分别记录下正北、正西和正东方向时 MAG 的数值,填在表 4-2 中。

表 4-2　MAG 数值记录表

MAG 数值变化范围			
方向	MAG 数值	方向	MAG 数值
正东		正南	
正西		正北	

MAG 的数值变化范围是不是 0 ~ 360 呢?正好是一个圆周的度数范围,所以可以把 MAG 数值和方向的关系在一个圆上表示出来,就可以得到一个对应图,如图 4.2.5 所示。

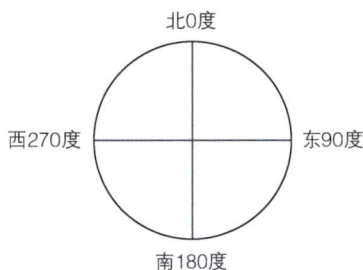

图 4.2.5　地磁传感器数值对应的方向

试一试

将 Aelos 随意放置在一个位置,你可以根据 MAG 数值说出对应的方位吗?

课堂小练习　Aelos 的"指南针"

在地磁传感器的助力下,Aelos 能够准确地识别方向,下面我们一起设计 Aelos 的"指南针"程序,让 Aelos 能够一直向南前行。

根据图 4.2.5 所示的地磁传感器数值对应方向图可知：Aelos 面朝正南方向时，地磁传感器对应的数值为 180。由于 Aelos 在前进的过程中，存在些许误差，规定地磁传感器值在 170 ~ 190 范围内为正南方向。

当 Aelos 机器人偏离正南方向时，将通过左转或右转来调节方向，并执行举左手或右手动作。当地磁传感器读取的数值小于等于 170 时，Aelos 机器人左转，并执行举左手动作；当地磁传感器读取的数值大于 170 且小于 190 时，Aelos 机器人执行快前进；当地磁传感器读取的数值大于等于 190 时，Aelos 机器人右转，并执行举右手动作，Aelos 机器人的"指南针"程序，如图 4.2.6 所示。

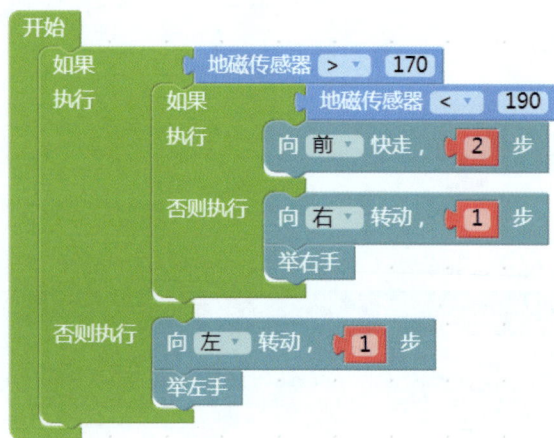

图 4.2.6　Aelos 机器人的"指南针"程序

3　课堂实践：丛林追踪

Aelos 机器人被分派到原始森林中，它们需要在没有任何提示的情况下，依靠自己，辨别方向，找到森林的另一个出口。在神秘的原始森林中，有各种各样的障碍，Aelos 需要成功躲避这些障碍，才能顺利通过考验。让我们一起为 Aelos 加油吧！

项目要求

原始森林的出口位于正南方向，Aelos 必须在前进时不断调整方向，才能顺利找到出口。在前进的路途中，Aelos 可能会遇到各种各样的障碍，当遇到第奇数个障碍时，Aelos 左移；当遇到第偶数个障碍时，Aelos 右移。

项目准备

（1）完成地磁传感器的校正；

（2）掌握地磁传感器以及红外传感器的数值获取方法；

（3）能够充分地理解变量的含义，并能够灵活运用变量进行程序设计。

项目步骤

程序分析：

根据项目要求可知，Aelos 需要通过地磁传感器完成沿正南方向前进的功能，通过红外距离传感器检测前方是否有障碍，并声明一个变量来标记遇到的障碍，当遇到第奇数个障碍时，Aelos 执行左移动作，并将变量赋值为 1；当遇到第偶数个障碍时，Aelos 执行右移动作，并将变量赋值为 0。

程序实践：

Step 1：声明变量

声明变量 distance、mark，分别用于存储获取到的红外传感器的数值和标记变量遇到的障碍。并将获取到的红外距离传感器赋值给变量 distance，如图 4.2.7 所示。

Step 2：辨别方向

Aelos 面朝正南方向时，地磁传感器对应的数值为 180。由于 Aelos 在前进的过程中，存在些许误差，规定地磁传感器的值在 170 ~ 190 范围内为正南方向。设计辨别方向程序，如图 4.2.8 所示，需要使用"如果口执行口否则执行"积木块以及关系运算积木块。

图 4.2.7　将获取到的红外距离数值赋值给 distance

图 4.2.8　辨别方向程序

Step 3：检测前方是否有障碍

Aelos 机器人通过对变量 distance 的值进行判断，检测前方是否有障碍物的存在，如图 4.2.9 所示。

Step 4：判断 Aelos 如何避开障碍

Aelos 在前进的路上将会遇到许多障碍，通过变量 mark 的变化，可以帮助 Aelos 判断应该执行左移动作还是右移动作，如图 4.2.10 所示。

图 4.2.9　检测前方是否有障碍程序

图 4.2.10　判断如何避开障碍程序

如图 4.2.10 所示程序，变量 mark 的初始值默认为 0。当变量 mark 等于 0 时，即可认为 Aelos 遇到了第奇数个障碍，故执行左移动作，并将变量 mark 记为 1；否则变量 mark 等于 1，即 Aelos 遇到了第偶数个障碍，故执行右移动作，并将变量 mark 记为 0。

通过变量 mark 标记 Aelos 遇到的障碍是第奇数个还是第偶数个，如果当前遇到的是第奇数个障碍，则下一个遇到的障碍即为第偶数个，故需要更改变量 mark 的值。如果当前遇到的是第偶数个障碍，亦是同理。

程序设计示例

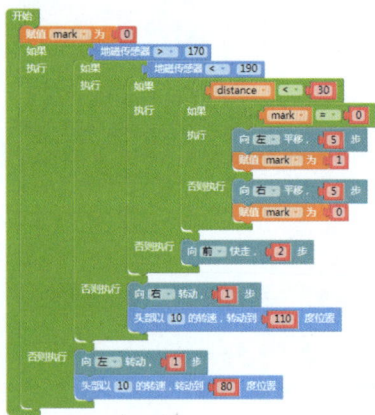

图 4.2.11　丛林追踪程序

根据程序分析及程序实践步骤，设计丛林追踪程序，如图 4.2.11 所示。

丛林追踪程序实现了辨别方向、躲避障碍以及判断左移或右移的功能，帮助 Aelos 顺利找到原始森林的出口。程序中，通过变量 mark 的变化，帮助 Aelos 准确避开障碍物，成功完成丛林追踪的考验。

项目总结

丛林追踪项目，你完成了吗？

记得填写项目总结报告，分享你的收获哦！

丛林追踪				
1	认识中国古代四大发明	□完成		□未完成
2	了解地磁传感器	□完成		□未完成
3	掌握地磁传感器的原理与应用	□完成		□未完成
我的收获：				

4.3　军事演习

Aelos 机器人在成为机器人军校的学员后，一直刻苦训练，希望毕业之后能够成为一名优秀的战士。在毕业之前，军校准备组织一次军事演习，只有在军事演习过程中取得优异成绩的机器人才有机会进入机器人军团。

本节中，让我们帮 Aelos 完成军事演习吧！

- 认识手势识别传感器；
- 掌握基本的手势指令；
- 能够独立完成军事演习程序。

1　手势识别传感器

手势识别传感器是一款能够识别移动方向手势（上下左右）的传感器，如图 4.3.1 所示。通过调用相关函数即可实现手势识别的编程控制。手势识别传感器返回的信号，可以作为机器人的控制信号，从而实现对机器人的控制。内置的识别算法相当智能，能够把人们的双手从生硬的按键动作中解放出来。

图 4.3.1　手势识别传感器

手势识别传感器（Gesture Sensor）可用于非接触式控制场景，如非接触式鼠标、智能家居、汽车设备控制以及机器人交互等，如图 4.3.2 所示。

图 4.3.2　手势识别传感器的应用

手势识别传感器所进行的工作，主要是对手势动作的识别跟踪和后续的计算机数据处理。对手势动作的捕捉是通过光学摄像头和传感器两种设备实现的。手势识别的算法包括模板匹配技术和深度学习神经网络技术等。早期的手势识别技术是二维彩色图像的识别技术，而三维识别技术的应用，可以识别更多的手势、手型和动作。

目前，常用的手势识别主要包括摄像头识别、红外识别、陀螺仪识别、微波识别以及电容感应。

2　Aelos 机器人的手势识别传感器

Aelos 机器人的手势识别传感器，如图 4.3.3 所示，是一款红外手势传感器，采用感光阵列识别，一般有 8×8 像素阵列用于感应手势，亦可简单理解为低像素的摄像头。Aelos 机器人的手势传感器同其他传感器一样，可以安装在 Aelos 机器人胸前的任意端口。

图 4.3.3　Aelos 机器人手势传感器

默契是不需要语言的，一个手势，Aelos 机器人就能读懂你的心声。军队在作战时，为了更好地隐蔽，不能通过语言传递信息，手势指令往往是战士们的第一选择。下面让我们认识一下 Aelos 机器人与它的手势传感器吧！

通过手势传感器，Aelos 机器人能够识别挥手、上推、下推、前推、后推、左拨、右拨、顺时针旋转手指、逆时针旋转手指等指令，通过程序设计可以让 Aelos 机器人掌握战友之间的手势指令。当然，也可以将不同的指令组合到一起，通过指令组设计更多的手势指令。

在 Aelos edu 软件中，可以在控制器模块中找到手势传感器的操作积木块，如图 4.3.4 所示，可以通过下拉菜单选择所需手势。

将手势识别传感器安装在 Aelos 机器人胸前的 2 号端口，执行图 4.3.5 所示程序，Aelos 机器人将会在识别到"左拨"手势时，向左移动 5 步。

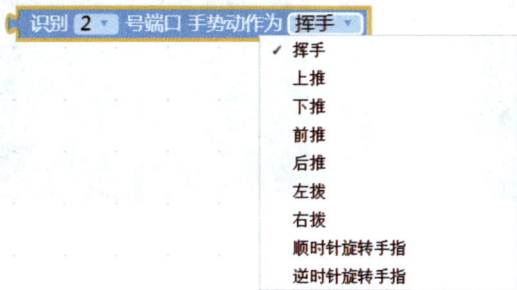

图 4.3.4　手势传感器操作积木块　　　　图 4.3.5　识别向左挥手程序

试一试

在 Aelos 机器人胸前安装手势识别传感器，编写程序，使 Aelos 识别到"顺时针旋转手指"手势时，向左转 4 步；识别到"逆时针旋转手指"手势时，向右转 4 步。

3　课堂实践：军事演习

军事演习项目，主要考察 Aelos 机器人是否能够配合其他机器人战士完成任务，能否读懂手势，并控制自己的身体平衡，保证在恶劣的条件下，始终坚守自己的岗位。下面让我协助 Aelos 机器人完成军事演习吧！

项目要求

军事演习手势指令如下：

（1）当识别到"左拨"手势时，向左平移 5 步；

（2）当识别到"右拨"手势时，向右平移 5 步；

（3）当识别到"前推"手势时，向前慢走 5 步；

（4）当识别到"后推"手势时，向后慢走 5 步；

（5）当识别到"下推"手势时，下蹲。

项目准备

（1）手势传感器及 Aelos 机器人；

（2）熟练地掌握 Aelos edu 图形化编程软件中各个相关积木块的使用；

（3）掌握手势传感器的使用方法；

（4）掌握分支结构的应用。

项目步骤

程序分析：

军事演习需要 Aelos 通过手势传感器，读懂手势，整个程序需要采用多个"如果□执行"积木块完成相应的程序设计。

程序实践：

Step 1：安装传感器

将手势传感器安装在 Aelos 机器人胸前的 2 号端口。

Step 2：读懂手势

根据项目要求，Aelos 机器人需要根据"左拨""右拨""前推""后推""下推"5 个手势，完成相应的动作。以识别到"左拨"，向左平移 5 步为例，设计程序如图 4.3.6 所示。

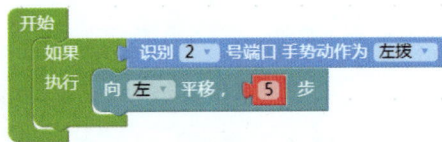

图 4.3.6 识别"左拨"手势，向左平移 5 步程序

程序设计示例

根据程序分析及程序实践，设计军事演习程序如图 4.3.7 所示。

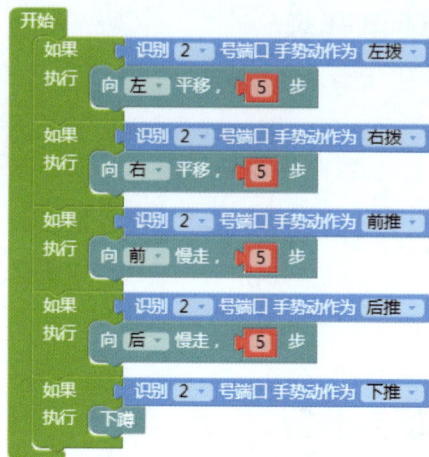

图 4.3.7　军事演习程序

军事演习程序通过手势识别传感器，读懂了战友的手势。程序设计过程中，需要多个"如果□执行"积木块，识别多种手势，并实现相应的功能。

项目总结

军事演习项目，你完成了吗？

记得填写项目总结报告，分享你的收获哦！

军事演习		
1	认识手势传感器	□完成　　□未完成
2	理解手势传感器的原理	□完成　　□未完成
3	掌握手势传感器的使用方法	□完成　　□未完成
4	掌握"如果□执行"积木块的应用	□完成　　□未完成
我的收获：		

第 五 章

人工智能

　　人工智能是一门新的技术学科，研究和开发一系列的理论、方法、技术及应用系统，用于模拟、延伸和扩展人的智能，属于计算机科学的一个分支。说起人工智能，必然离不开程序设计。

　　本章中，我们将学习图形化编程，探索人工智能的奇幻世界！

学习目标

了解机器视觉，了解 Aelos 机器人的视觉功能，了解颜色识别与人脸识别的原理，能够根据项目要求完成相应的程序。

学习重点、难点

学习重点

- 机器视觉；
- Aelos 机器人的视觉功能；
- 颜色识别功能的实现方法；
- 人脸识别技术的原理与应用。

学习难点

- 颜色识别功能的实现方法；
- 人脸识别技术的原理与应用。

5.1 机器人视觉

眼睛是心灵的窗口，可以带着我们去感受"会当凌绝顶，一览众山小"的豪情，"采菊东篱下，悠然见南山"的恬淡，以及"小荷才露尖尖角，早有蜻蜓立上头"的灵动。

通过眼睛，我们可以看到这明亮的世界，看到广袤的大自然以及身边的你、我、他，那你知道机器人是怎样看到世界的吗？

本节让我们一起看一看 Aelos 机器人是怎样用"眼睛"看世界的吧！

学习目标

- 了解机器视觉及原理；
- 了解 Aelos 机器人的视觉功能；
- 掌握视频回传及网络连接的方法；
- 准确地识别回传视频中 POS、HSV 以及 RGB 参数的值。

1　机器视觉

机器视觉是人工智能中一个快速发展的分支。简单地说，机器视觉就是用机器代替人眼来做测量和判断。机器视觉系统通过机器视觉硬件，将目标转换成图像信号，再对信号进行图像处理，从而得到目标的形态信息，并根据像素分布和亮度、颜色等信息，将信息转变成数字化信号；图像系统再对这些信号进行各种运算来抽取目标的特征，根据判别的结果来控制现场设备的动作。

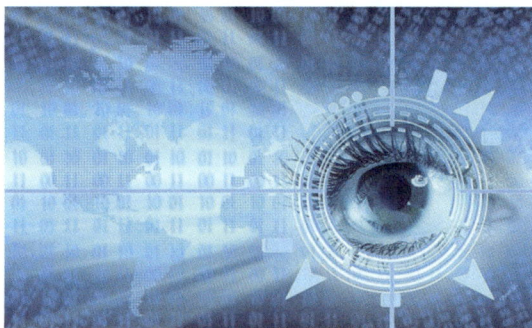

更通俗地讲，机器视觉就是将获取到的视觉信息，通过一系列的转换，得到可以被机器识别的信号，使得机器可以进行判断并根据判断结果执行相应的动作。比如利用车牌识别系统控制道闸，如图 5.1.1 所示。车牌识别系统在摄像头获取车牌的图像后，将其转化成相应的符号，同数据库内的信息进行匹配后，再将匹配结果转化为可被车牌识别系统识别的信号，最后根据相应的信号，判断是否抬起道闸。

同理，机器人视觉系统也要获取并处理视觉信息，将其转换为机器人可识别的信号并传递给机器人，机器人接收到正确信号后，才能决定执行哪种任务。

机器人判断物体的位置和形状时，通常需要两类信息，即距离和明暗。当我们画素描时，会根据物体的位置调整各个线条与参考线的距离，如图 5.1.2 所示。机器人判断位置和形状，需要根据所获取的距离和明暗情况信息得到相应的位置和形状信息。

图 5.1.1 智能道闸

图 5.1.2 素描长方体

物体视觉信息还包含色彩信息，但对物体的位置和形状识别来说，色彩信息不如距离和明暗这两类信息重要。机器人视觉系统对光线的依赖性很大，往往需要好的照明条件，以使物体所形成的图像最为清晰，从而增强检测到的信息，克服阴影、低反差、镜面反射等问题。

下面让我们一起来看看 Aelos 机器人的视觉功能吧！

2　Aelos 机器人视觉功能

Aelos 机器人装载 2592 像素（H）×1944 像素（V）摄像头，能够准确获取周边环境信息，并通过视觉处理器精确分析数据，自主执行指令，如图 5.1.3 所示。

通过 Aelos 机器人头部摄像头，机器人能够完成人脸识别、颜色分辨、定位追踪等功能。结合视觉指令中的各种积木块，Aelos 可以完成垃圾分类、走迷宫、判断性别、判断年龄、判断表情等操作。

此外，Aelos 还可以通过 Aelos edu 软件进行网络连接，在网络的加持下，Aelos 将能完成更多有趣的操作！

Aelos 进行网络连接的步骤如下：首先完成串口连接，再单击软件右上方的 Wi-Fi 联网按钮，并在弹框中输入 Wi-Fi 的账号和密码（Aelos 需要与计算机连接同一网络），最后，单击"确定"即可。当弹框中出现"连接成功！"时，网络连接就完成了。

图 5.1.3　Aelos 机器人

详细的联网步骤，如图 5.1.4 所示。

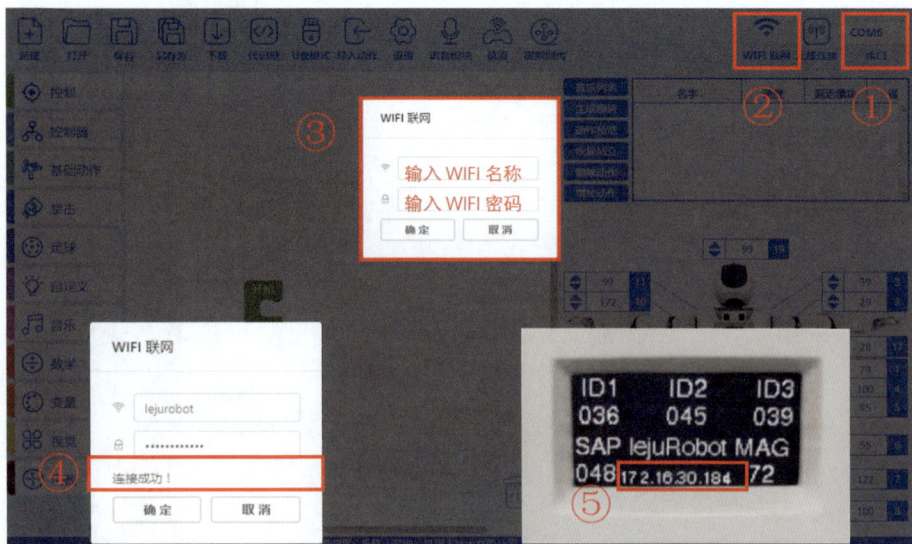

图 5.1.4　Wi-Fi 联网步骤

未联网时，Aelos 背后屏幕上显示的地址是 127.0.0.1，联网后，屏幕上显示内容变为分配到的 IP 地址。

IP 地址

IP 地址（Internet Protocol Address）是指互联网协议地址，又译为网际协议地址。IP 地址是 IP 协议提供的一种统一的地址格式，它为互联网上的每一台主机分配一个逻辑地址，以此来屏蔽物理地址的差异。

IP 地址就像是我们的家庭住址一样，如果你要给一个人写信，你就要知道他（她）的地址，这样邮递员才能把信送到。计算机发送信息就好比是邮递员送信，必须知道唯一的"家庭地址"才不至于把信送错。只不过我们的地址是用文字来表示的，计算机的地址则用二进制数字表示。

3 视频回传

Aelos 不仅能够通过摄像头看到五彩斑斓的世界，还能将它看到的内容分享给我们。只要 Aelos 完成了网络连接，我们就能通过计算机感受 Aelos 的视觉世界了。

Aelos 联网成功后，我们就可以启动视频回传功能了，单击菜单栏中的视频回传功能键，选择与 Aelos 背后屏幕上相同的 IP 地址即可，如图 5.1.5 所示。匹配成功后，你通过视频回传窗口即可查看 Aelos 摄像头拍摄到的画面，如图 5.1.6 所示。

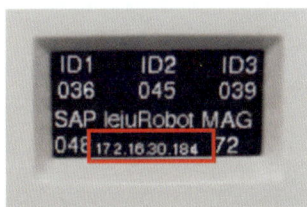

图 5.1.5 IP 地址选择

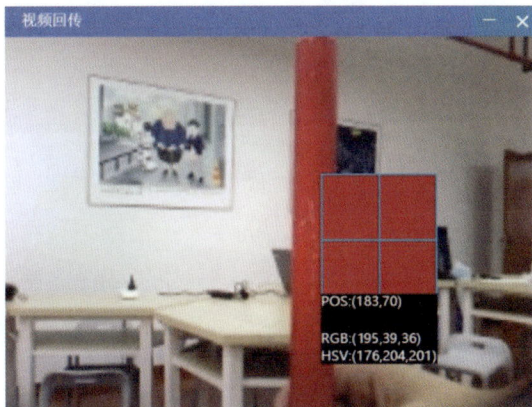

图 5.1.6 视频回传窗口

视频回传窗口不仅能够显示摄像头拍摄到的画面，还能传递许多有用的信息。当把鼠标指针移动到需要识别的颜色上面时，会出现 POS、RGB、HSV 3 个参数，如图 5.1.6 所示。POS 表示鼠标指针当前的坐标，RGB 表示识别到的 RGB 颜色色值，HSV 表示识别到的 HSV 颜色值。

试一试

两人一组，其中一人控制机器人在教室内行走，另一人通过计算机观察摄像头拍摄到的画面，并根据画面的信息，判断 Aelos 经过了哪些同学的书桌，答对次数多的小组获胜。

5.2 视觉追踪

　　人们每天都会接触到很多色彩，这些色彩让人对事物形成清晰具体的认识；或神秘，让人感到捉摸不透。世间万物因独特的色彩而显现出个性与魅力，而在人们生活中，颜色与人们的情绪更是密切相关，人们的情绪有时会随着颜色的变化而变化。除了人类，机器人也可以分辨各种颜色，而且它们分辨颜色的能力更强。

　　本节课，让我们一起了解 Aelos 是如何进行颜色识别的吧！

学习目标

- 了解 RGB 与 HSV 颜色
- 了解颜色识别和颜色追踪方法
- 了解机器人视觉追踪
- 完成视觉追踪程序设计

1　颜色识别

　　颜色识别技术在现代生产中的应用越来越广泛，遥感、工业过程控制、材料分拣识别、图像处理、产品质检、机器人视觉系统和探测系统都需要对颜色进行识别。随着颜色传感器技术的飞速发展，生产过程中长期由人眼进行的颜色识别工作，将逐渐改由颜色传感器来承担。

RGB 颜色值

　　RGB 是一种色彩模式，通过改变红（R）、绿（G）、蓝（B）3 个颜色通道的设定数值，以及颜色通道之间做叠加来得到各式各样的颜色，RGB 指红、绿、蓝 3 个通道的颜色，是目前运用得最广泛的颜色系统之一。计算机中，RGB 的所谓"多少"就是指亮度，并使用整数来表示。通常情况下，RGB 的 3 个通道各有 256 级亮度，用数字表示为 0 ~ 255。注意虽然数字最高是 255，但 0 也是数值之一，因此共 256 级。红、绿、蓝 3 种颜色通道，每种色各分为 256 阶亮度。当 3 色数值相同时，产生不同灰度值的灰色调，3 色灰度都为 0 时，是最暗的黑色调；3 色灰度都为 255 时，是最亮的白色调。调整相关数字，便可以得到深浅不一的各种颜色。常用 RGB 颜色数值，如图 5.2.1 所示。

颜色样式	RGB 数值	颜色代码	颜色样式	RGB 数值	颜色代码
黑色	0, 0, 0	#000000	白色	255, 255, 255	#FFFFFF
象牙黑	88, 87, 86	#666666	天蓝灰	202, 235, 216	#F0FFFF
冷灰	128, 138, 135	#808A87	灰色	192, 192, 192	#CCCCCC
暖灰	128, 118, 105	#808069	象牙灰	251, 255, 242	#FAFFF0
石板灰	118, 128, 105	#E6E6E6	亚麻灰	250, 240, 230	#FAF0E6
白烟灰	245, 245, 245	#F5F5F5	杏仁灰	255, 235, 205	#FFFFCD
蛋壳灰	252, 230, 202	#FCE6C9	贝壳灰	255, 245, 238	#FFF5EE
红色	255, 0, 0	#FF0000	黄色	255, 255, 0	#FFFF00
镉红	227, 23, 13	#E3170D	镉黄	255, 153, 18	#FF9912
砖红	156, 102, 31	#9C661F	香蕉黄	227, 207, 87	#E3CF57

图 5.2.1　常见 RGB 颜色对应的数值

RGB 的局限性

RGB 颜色空间利用 3 个颜色分量的线性组合来表示颜色，绝大多数颜色能通过这 3 个分量来表示，连续变换颜色时，分量数值的变化并不直观。自然环境下获取的图像容易受自然光照、遮挡情况和阴影等因素的影响，受亮度影响比较大。而 RGB 颜色空间的 3 个分量都与亮度密切相关，只要亮度改变，3 个分量都会随之相应地改变，而没有一种更直观的表达方式。在进行 RGB 颜色标记时，我们会发现同一种颜色在不同环境下提取到的 RGB 值是不一样的，程序对环境有一定的依赖。如图 5.2.2 所示，整个物体的颜色都是同一种红色，但一些部分不能识别。

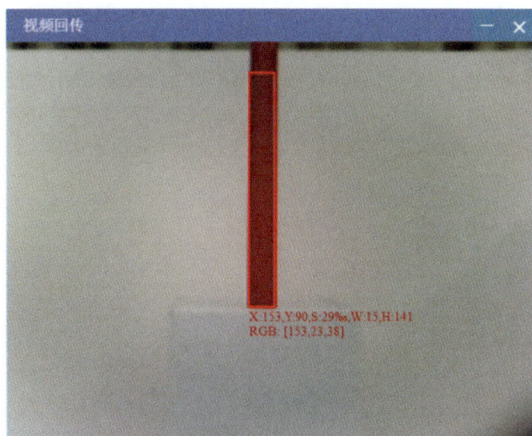

图 5.2.2　顶部没有被标识

HSV 颜色值

HSV（Hue, Saturation, Value）是根据颜色的直观特性来描述颜色的一种模型，是由匠白光（A. R. Smith）在 1978 年创建的一种颜色空间，也称六角锥体模型（Hexcone Model）。这个模型中颜色的参数分别是：色调（H）、饱和度（S）、亮度（V）。

色调 H：0 ~ 180

用角度度量，取值范围为 0° ~ 360°，红色的角度为 0°，绿色的角度为 120°，蓝色的角度为 240°。它们的补色的角度是：黄色的角度为 60°，青色的角度为 180°，品红色的角度为 300°。实际编程时会将 0° ~ 360° 的取值范围换算为 0 ~ 180。

饱和度 S：0 ~ 255

饱和度 S 表示颜色接近光谱色的程度。一种颜色，可以看成是某种光谱色与白色混合的结果。其中光谱色所占的比例越大，颜色接近光谱色的程度就越高，颜色的饱和度也就愈高。饱和度高，颜色则深而艳。光谱色的白光成分为 0，饱和度达到最高。通常取值范围为 0 ~ 100%，值越大，颜色越饱和。实际编程时会将 0 ~ 100% 的取值范围换算为 0 ~ 255。

亮度 V：0 ~ 255

亮度表示颜色明亮的程度，对于光源色，亮度值与发光体的光亮度有关；对于物体色，此值和物体的透射比或反射比有关。通常取值范围为 0（黑）~ 100%（白）。实际编程时会将 0 ~ 100% 的取值范围换算为 0 ~ 255。

对于图像而言，HSV 颜色空间比 RGB 更接近人们对彩色的感知经验，可以非常直观地表达颜色的色调、鲜艳程度和明暗程度，方便进行颜色的对比。例如在 HSV 空间中，H 代表的色调基本上可以确定某种颜色，再结合饱和度和亮度信息调整颜色的鲜艳程度。

对图像颜色进行有效处理时，一般都是在 HSV 空间中进行的，对于基本色对应的 HSV 分量，需要给定一个准确范围，在色彩比较简单的场景里，我们可以给目标色定一个模糊范围，如表 5-1 所示。然后根据颜色的鲜艳程度调整 S（饱和度）的范围，让颜色识别更加精准。

表 5-1　HSV 模糊范围

	黑	灰	白	红		橙	黄	绿	青	蓝
H_{min}	0	0	0	0	156	11	26	35	78	100
H_{max}	180	180	180	10	180	25	34	77	99	124
S_{min}	0	0	0	43		43	43	43	43	43
S_{max}	255	43	30	255		255	255	255	255	255
V_{min}	0	46	221	46		46	46	46	46	46
V_{max}	46	220	255	255		255	255	255	255	255

2　颜色识别积木块

Aelos 的一切行动，都需要指令库的支持，下面让我们来认识一下视觉指令中与颜色识别相关的积木块吧！

Aelos 通过 3 种方式进行颜色识别：①直接识别颜色，例如红、黑、白、绿、黄、灰、蓝；②通过获取 RGB 颜色值识别颜色；③通过获取 HSV 颜色值识别颜色。

　　直接识别物体颜色主要包含以下 4 种操作：检测指定颜色、识别指定颜色在回传视频画面中的位置、读取指定颜色占据回传视频画面的比例、读取颜色在回传视频画面中的坐标，如表 5-2 所示。

表 5-2　直接识别颜色的积木块

积木块	功能
检测到颜色为 红	检测指定颜色
识别到 红 色位于 左边	识别指定颜色在回传视频画面中的位置
读取 红 色的面积占比(‰)	读取指定颜色占据图像视频画面的比例
读取 红 色的 X坐标	读取颜色在回传视频画面中的坐标

　　通过获取 RGB 颜色值识别颜色，主要包含以下 5 种操作：标识 RGB 值对应的颜色、检测指定 RGB 值对应的颜色、识别指定 RGB 值对应的颜色在回传视频画面中的位置、读取指定 RGB 值对应的颜色占据回传视频画面的比例、读取 RGB 值对应的颜色在回传视频画面中的坐标，如表 5-3 所示。

表 5-3　通过获取 RGB 颜色值识别颜色的积木块

积木块	功能
以 ■ 标识 以RGB识别到R: 0 G: 0 B: 0	标识 RGB 值对应的颜色
以RGB识别到R: 0 G: 0 B: 0	检测指定 RGB 值对应的颜色
以RGB识别到R: 0 G: 0 B: 0 位于 左边	识别指定 RGB 值对应的颜色在回传视频画面中的位置
读取 以RGB识别到 R: 0 G: 0 B: 0 的面积占比（‰）	读取指定 RGB 值对应颜色占据图像视频画面的比例
读取 以RGB识别到R: 0 G: 0 B: 0 的 X坐标	读取 RGB 值对应的颜色位于回传视频画面的坐标

课堂小练习　颜色识别积木块的使用

　　我们知道了需要识别的目标物的 RGB 值后，就可以通过这个 RGB 值对目标颜色进行追踪，为了更方便地观察识别到的目标物的位置，我们可以对目标物颜色进行标记，如图 5.2.3 所示，用红色标识指定颜色的目标物。

开始
以 ■ 标识 以RGB识别到R: 195 G: 39 B: 36

图 5.2.3　RGB 标识程序

　　打开视频回传界面，可以看到有一个被红色的矩形框选中的目标物（矩形框的颜色可以在程序中更改），红色的矩形框会跟随着目标物移动，如图 5.2.4 所示。

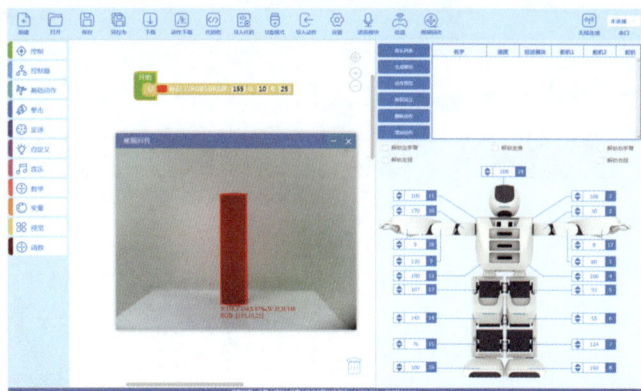

图 5.2.4　视频回传

通过获取 HSV 颜色值识别颜色，也包含 5 种操作，与通过获取 RGB 颜色值识别颜色的操作基本一致，如表 5-4 所示。

表 5-4　通过获取 HSV 颜色值识别颜色的积木块

积木块	功能
以 ■ 为标识，识别该颜色 令颜色的HSV在以下范围内： Hmin: 0 ~Hmax: 180 Smin: 0 ~Smax: 255 Vmin: 0 ~Vmax: 255	标识 HSV 值对应的颜色
识别到某颜色； 令颜色的HSV在以下范围内： Hmin: 0 ~Hmax: 180 Smin: 0 ~Smax: 255 Vmin: 0 ~Vmax: 255	检测指定 HSV 值对应的颜色
识别到某颜色位于 左边 令颜色的HSV在以下范围内： Hmin: 0 ~Hmax: 180 Smin: 0 ~Smax: 255 Vmin: 0 ~Vmax: 255	识别指定 HSV 值对应的颜色在回传视频画面中的位置
读取某颜色的面积占比（‰） 令颜色的HSV在以下范围内： Hmin: 0 ~Hmax: 180 Smin: 0 ~Smax: 255 Vmin: 0 ~Vmax: 255	读取指定 HSV 值对应颜色占据回传视频画面的比例
读取某颜色的 X坐标 令颜色的HSV在以下范围内： Hmin: 0 ~Hmax: 180 Smin: 0 ~Smax: 255 Vmin: 0 ~Vmax: 255	读取 HSV 值对应的颜色在回传视频画面中的坐标

试一试

请用红色标识回传视频画面中的橙色目标物，橙色对应HSV值的范围见表5-1。

3　课堂实践：视觉追踪

通过颜色识别，Aelos可以完成各种高难度的任务，如走迷宫、颜色避障、识别交通灯以及视觉追踪等，下面让我们一起来看一看Aelos是如何进行视觉追踪的吧！

项目要求

机器人追踪目标色物体，当看到目标色物体位于视野中央左侧时，机器人头部向左转10°；当看到物体位于视野中央右侧时，机器人头部向右转10°。机器人通过左右转动头部来不断调整视野，让红框始终保持在视野中央。

项目准备

（1）Aelos机器人；

（2）良好的网络环境；

（3）掌握颜色识别的各种操作。

项目步骤

程序分析：

根据项目要求，程序中需要创建一个变量用于存储头部舵机的角度值，并通过识别颜色位置积木块来判断目标物体的位置，在此，将以获取RGB值的方式实现该程序。

项目实践：

Step 1：创建变量

创建变量A，用于存储机器人头部舵机（19号舵机）的角度值，如图5.2.5所示。

赋值 A 为 读取 19 号 舵机 角度 值

图5.2.5　创建变量A存储机器人头部舵机的角度值

Step 2：设置头部舵机随目标物体转动的角度

Aelos的头需要跟随目标物体转动，当目标物体位于左侧时，Aelos需要向左转头10°，即19号舵机的角度值需要加10，如图5.2.6所示；反之，Aelos需要向右转头，19号舵机的角度值减 10。

图 5.2.6 设置头部舵机转动角度

Step 3：获取目标颜色的 RGB 值

将目标物体放置在 Aelos 视线范围内，将鼠标指针移动至回传视频画面中目标物体所在位置，确定目标颜色的 RGB 值，并将标识颜色积木块和识别位置积木块的参数设置成相应的值。

Step 4：判断目标位置

根据项目要求，Aelos 需要根据目标物体所在位置转头，使目标物体始终位于视线中央。以目标物体在左侧为例设计程序，如图 5.2.7 所示。

图 5.2.7 设置头部舵机转动角度

程序设计示例

根据程序分析及程序实践步骤，设计视觉追踪程序，如图 5.2.8 所示。

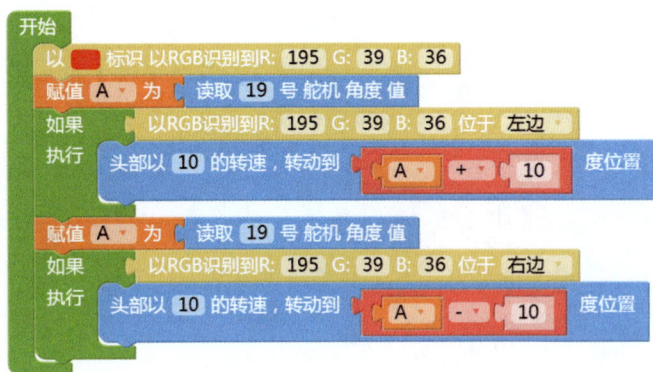

图 5.2.8 视觉追踪程序

视觉追踪项目中运用了两种颜色识别的操作，以及控制舵机转动等积木块，帮助 Aelos 完成了对目标物体的追踪。

项目总结

视觉追踪项目，你完成了吗？

记得填写项目总结报告，分享你的收获哦！

视觉追踪				
1	掌握颜色识别的操作	□完成	□未完成
2	了解 RGB 与 HSV	□完成	□未完成
3	掌握控制头部舵机转动的方法	□完成	□未完成

我的收获：

5.3 目标位置信息

以前，当我们到达不熟悉的街道时，只能结合外部环境，通过地图来判断自己所在的位置，寻找通往目标位置的路线，而如今只要通过 GPS 功能，不仅能够直接确定自己所在的位置，还能查到多种到达目标位置的路线。确定位置和路线的方式是多种多样的。

本节课，让我们一起了解 Aelos 是如何通过视觉获取位置信息的。

学习目标

- 了解常见的定位方式；
- 掌握 Aelos 获取定位信息的方法。

1　位置与坐标

千百年来，人们一直试图找到一种可以精确地确定自己位置的方法。古时候，人们对广袤的大地知之甚少，加上交通条件极其落后，人们很少远行。那时，在野外定向主要是寻找一些标志，比如高山、河流、峡谷，以及一些人工制作的路标等，然后在简单的地图上确定自己的位置。航海更是受到定向和导航技术的制约，为了防止迷路，船只不得不紧贴着海岸航行，依靠灯塔导航，远洋航海更是无从谈起。

后来人们利用夜空的星辰来确定方位。其中，利用北极星定位就是一个重要的方法。古代的腓尼基人就成功地利用这种方法从埃及航行到了希腊的克里特岛。但使用这种方法的限制很多，必须是夜晚，而且得是在晴朗的夜空下才行。

指南针和六分仪的诞生改变了观星定向的落后定位方法。指南针可以指明南北的方向，利用它，人们可以轻松地知道自己前进的方向。而六分仪可以通过测量太阳、星辰的天体高度角的变化来确定观察者所处的纬度。由于六分仪无法确定经度，为了解决这个问题，英国政府曾经用巨额的"悬赏"来"寻找"这个发明，直到18世纪的中叶，人们终于发明了一种确定经度的仪器，这种仪器利用不同时区的地方时与本初子午线对应的标准时间之间的时差来确定经度。利用这些发明确定方位，人类就可以大胆地驰骋于大地和海洋之中，地球的神秘面纱一点一点地被揭开了。

随着科学技术的发展，我们已经可以通过GPS进行精准定位了。不过，在学习过程中，我们还常常用平面直角坐标系来标注平面中的位置信息。

平面直角坐标系

在同一个平面上互相垂直且有公共原点的两条数轴构成平面直角坐标系，简称直角坐标系（Rectangular Coordinates）。通常两条数轴分别置于水平位置与垂直位置，分别取向右与向上的方向为两条数轴的正方向。水平的数轴叫作x轴（x-axis）或横轴，垂直的数轴叫作y轴（y-axis）或纵轴，x轴、y轴统称为坐标轴，它们的公共原点O称为直角坐标系的原点（origin），以点O为原点的平面直角坐标系记作平面直角坐标系xOy，如图5.3.1所示。

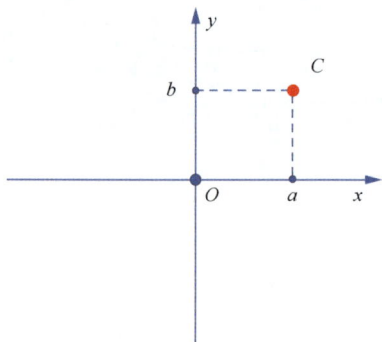

在直角坐标系中，对于平面上的任意一点，都有唯一的一个有序数对与该点对应，反过来对于任意一个有序数对，都有平面上唯一的一个点与该数对对应，对于平面内任意一点C，过点C分别向x轴、y轴作垂线，垂足在x轴、y轴上对应的点a，b，分别叫作点C的横坐标、纵坐标，有序数对（a，b）叫作点C的坐标，如图5.3.1所示。

图5.3.1 平面直角坐标系

阅读资料

平面直角坐标系的由来

有一天，笛卡儿生病卧床，但他的头脑一直没有休息，而是在反复思考一个问题：几何图形是直观的，而代数方程则比较抽象，能不能用几何图形来表示方程呢？

这里，关键是如何把组成几何的图形的点和满足方程的每一组"数"挂上钩。他就拼命琢磨，通过什么样的办法，才能把"点"和"数"联系起来。突然，他看见屋顶角上的一只蜘蛛，拉着丝垂了下来，一会儿，蜘蛛又顺着丝爬上去，在上边左右拉丝。

蜘蛛的"表演"，使笛卡儿思路豁然开朗。他想，可以把蜘蛛看作一个点，它在屋子里可以上、下、左、右运动，能不能把蜘蛛的每个位置用一组数确定下来呢？

他又想，屋子里相邻的两面墙与地面交出了3条直线，如果把地面上的墙角作为起点，把交出来的3条线作为3根数轴，那么空间中任意一点的位置，不是都可以用这3根数轴上找到的有顺序的3个数来表示吗？

　　反过来，任意给一组 3 个有顺序的数，例如 3、2、1，也可以用空间中的一个点 P 来表示它们。同样，用一组数 (a, b) 可以表示平面上的一个点，平面上的一个点也可以用一组有顺序的数来表示。于是在蜘蛛的启示下，笛卡儿创建了直角坐标系。

　　同样，确定空间中的位置，就需要用到空间直角坐标系。

空间直角坐标系

　　空间直角坐标系是过空间顶点 O，作 3 条互相垂直的数轴，它们都以 O 为原点且具有相同的长度单位，如图 5.3.2 所示。这 3 条轴分别称作 x 轴（横轴）、y 轴（纵轴）、z 轴（竖轴），统称为坐标轴。以空间一点 O 为原点，建立 3 条两两垂直的数轴，x 轴、y 轴、z 轴，就建立了空间直角坐标系 $Oxyz$。其中点 O 叫作坐标原点，3 条轴统称为坐标轴，由坐标轴确定的平面叫坐标平面，3 条坐标轴中的任意两条都可以确定一个平面，称为坐标面。它们是由 x 轴与 y 轴所确定的 xOy 平面，由 y 轴与 z 轴所确定的 yOz 平面，由 x 轴与 z 轴所确定的 xOz 平面。

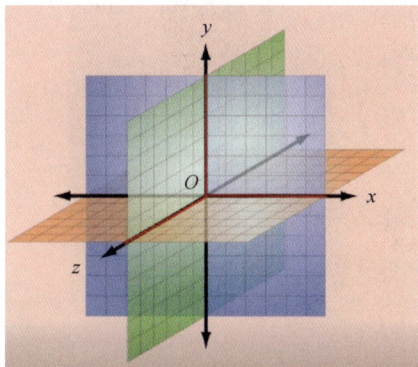

图 5.3.2　空间直角坐标系

思考

平面直角坐标系与空间直角坐标系有哪些不同？

2　目标位置信息

　　为了让机器人抓取目标物，我们需要获得更精准的目标物位置信息，比如目标物的远近、左右位置，确定位置后机器人才能准确地运动到目标物面前抓取目标物。我们在标记目标物后会发现矩形框下面有一些数据，这些数据就代表了目标物当前的位置信息，如图 5.3.3 所示。

　　其中，X、Y 代表了当前标记矩形框中心点的坐标；S 代表了当前标记矩形框在画面中的占比；W、H 代表了当前标记矩形框的宽度和高度；RGB 代表了当前标记矩形框的 RGB 颜色。

坐标位置

　　我们把鼠标指针移动到机器人摄像头回传的画面上，这时画面上会显示代表坐标的 POS 数值，我们可以通过移动鼠标指针来确定机器人识别画面的坐标，把鼠标指针放在左上角，

图 5.3.3　目标物位置信息

我们可以看到 POS 值为（0，0），表示这个位置是坐标的起始位置；把鼠标指针放在右下角，我们可以看到 POS 值为（320，240），这样我们就可以计算出画面中心点的位置是（160，120），将回传视频画面中左上角的点记作 O 点，右下角的点记作 A 点，中心点记作 C 点，可绘制出以 O 为原点，以 x 轴、y 轴为坐标轴的平面直角坐标系，如图 5.3.4 所示。

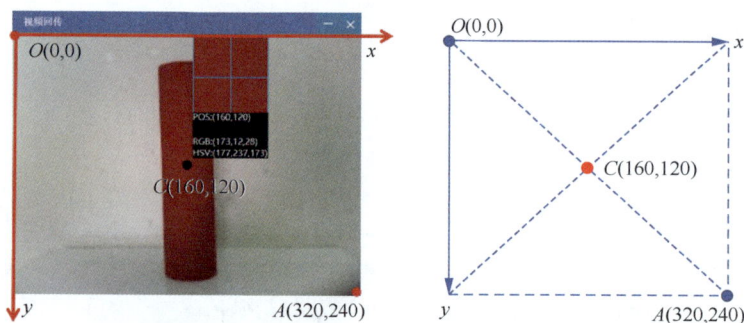

图 5.3.4　回传视频画面坐标分析

　　根据目标物的坐标，我们可以检测出目标物的位置，如果目标物偏移了中心点，可以通过机器人左移、右移进行修正，让机器人能准确地向目标物前进。

目标物在画面中的占比

　　我们平时使用摄像机拍摄物体的时候会发现，距离越近，拍摄出的目标物就越大。机器人的识别画面也一样，当离目标物远的时候，目标物在整个画面里的面积就会比较小，即占比很小；当离目标物比较近的时候，目标物在整个画面里的面积就会比较大，即占比变大，如图 5.3.5 所示。通过占比的不同，我们可以计算出机器人离目标物的距离，当机器人走到可以抓取目标的位置就让机器人停住，进行目标物的抓取。

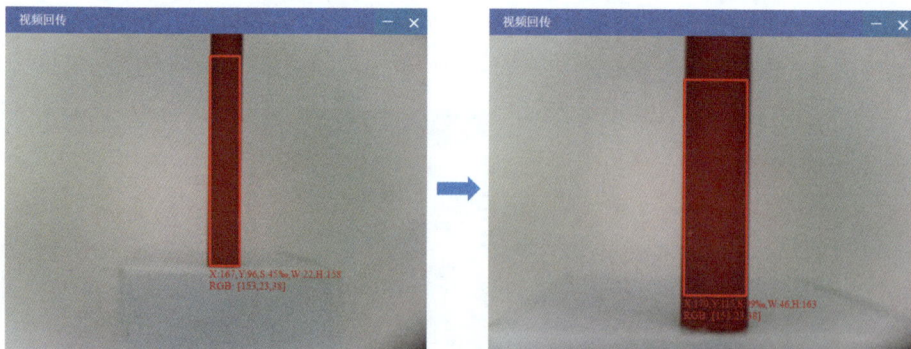

图 5.3.5　目标物远近的占比区别

　　机器人位于三维空间中，而回传视频得到的画面却是二维的，机器人无法根据平面坐标确定目标物体的位置，故而需要通过画面占比进一步确定距目标物体的距离。

宽度和高度

在一些特殊的场景应用中，我们可能不知道目标物的宽度和高度是多少，这样在程序设计中就不能确定是用单手抓还是双手抓，这时候就需要机器人识别宽度和高度信息，通过坐标和画面占比确定机器人离目标物的距离，再进行宽度和高度识别并进行数据转换，就可以计算出物体的宽度和高度。

5.4　定位抓取

人们天生具有抓握反射能力，当你用手指轻轻碰触婴儿的小手掌时，婴儿就会蜷起自己的小手指去握住你的手指。我们都知道 Aelos 具有抓手，在本节中，让我们一起帮助它完成定位抓取任务吧！

学习目标

- 熟练地掌握各种颜色识别操作的运用；
- 能够根据坐标判断机器人的移动方向；
- 能够根据画面占比让机器人判断是否抓取目标物。

随着智能机器人相关技术的发展，越来越多的机器人被运用到生活的各个领域。特别在物流运输领域，未来可能会有各种智能机器人穿梭在库房之中，完成快递的运输与分拣工作，如图 5.4.1 所示。

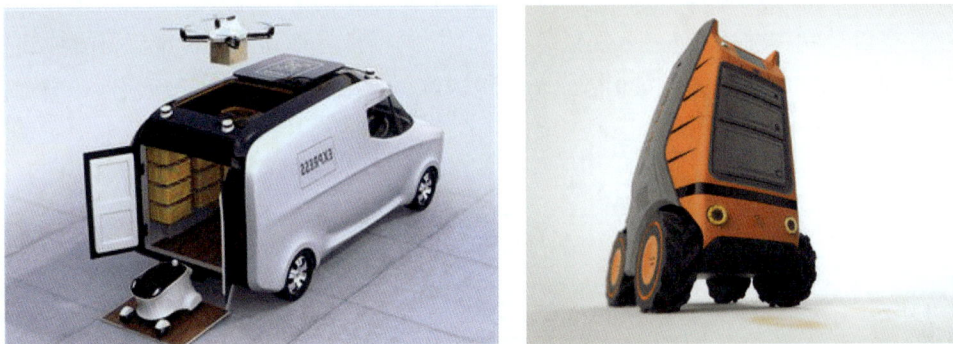

图 5.4.1　物流机器人

我们知道 Aelos 具有抓手，能够夹取物品，那是否能让 Aelos 帮助我们运送一些物品呢？

本节中，让我们运用颜色识别的各种操作，完成定位抓取程序设计，让 Aelos 可以识别并抓取目标物体，成为我们学习生活的好帮手。

项目要求

Aelos 能够通过颜色识别，标注目标物体，并获取目标物体的位置信息，能够通过对目标位置的分析，规划行走路线，结合抓手的使用，抓取目标物体。

项目准备

（1）Aelos 机器人；

（2）良好的网络环境；

（3）掌握目标物位置的信息；

（4）能够根据坐标判断机器人的移动方向；

（5）能够根据画面占比让机器人判断是否抓取目标物。

项目步骤

程序分析：

在程序中我们以红色标记目标物，设置前置条件，判断是否识别到了目标物颜色，如果识别到了则检测目标物的画面占比，如果占比小于 100，机器人前进，在执行前进动作之前，增加前置条件，判断 X 坐标是否在 100 ~ 200，如果小于 100，机器人左移，如果大于 200，机器人右移；如果占比大于 100，机器人执行抓取动作，在执行抓取前增加前置条件，判断 X 坐标是否在 100 ~ 250，如果小于 100，机器人左移，如果大于 250，机器人右移。

项目实践：

Step 1：获取目标颜色的 RGB 值

将目标物体放置在 Aelos 视线范围内，将鼠标指针移动至回传视频画面中目标物体所在位置，确定目标颜色的 RGB 值，并将标识颜色积木块和识别位置积木块设置成这个获取到的值。

Step 2：标识目标颜色

通过颜色识别积木块，标识目标颜色，如图 5.4.2 所示。

图 5.4.2　标识目标颜色

Step 3：判断距目标位置的距离

通过"读取 RGB 的面积占比"积木块判断距目标位置的远近。如果画面占比小于 100，可认为目标位置在远处，如图 5.4.3 所示。

图 5.4.3　判断距目标位置的距离

Step 4：创建变量

创建变量 X，用于存储目标颜色的 X 坐标，如图 5.4.4 所示。

图 5.4.4　创建变量 X 存储目标颜色的 X 坐标

Step 5：根据 X 坐标，判断行走路线

目标物在远处时，如果 X 坐标小于 100，机器人左移；如果 X 坐标在 100 ～ 200，机器人前进；如果 X 坐标大于 200，机器人右移，如图 5.4.5 所示。

目标物在近处时，如果 X 坐标小于 100，机器人左移；如果 X 坐标在 100 ～ 250，机器人抓取目标物；如果 X 坐标大于 250，机器人右移，如图 5.4.6 所示。

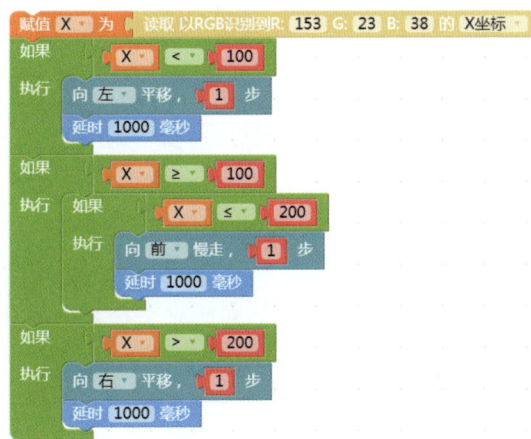

图 5.4.5　目标物在远处的前提下判断左移、右移、前进的程序

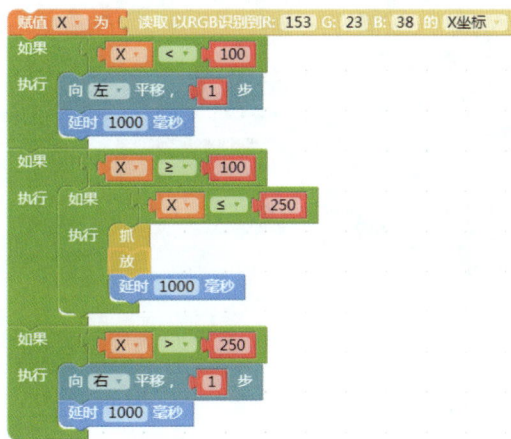

图 5.4.6　目标物在近处的前提下判断左移、右移、抓取的程序

程序设计示例

根据程序分析及程序实践步骤，设计定位抓取程序如图 5.4.7 所示。

定位抓取项目中运用了 4 种颜色识别的操作以及控制手部舵机转动积木块，帮助 Aelos 完成了对目标物体的定位、抓取。

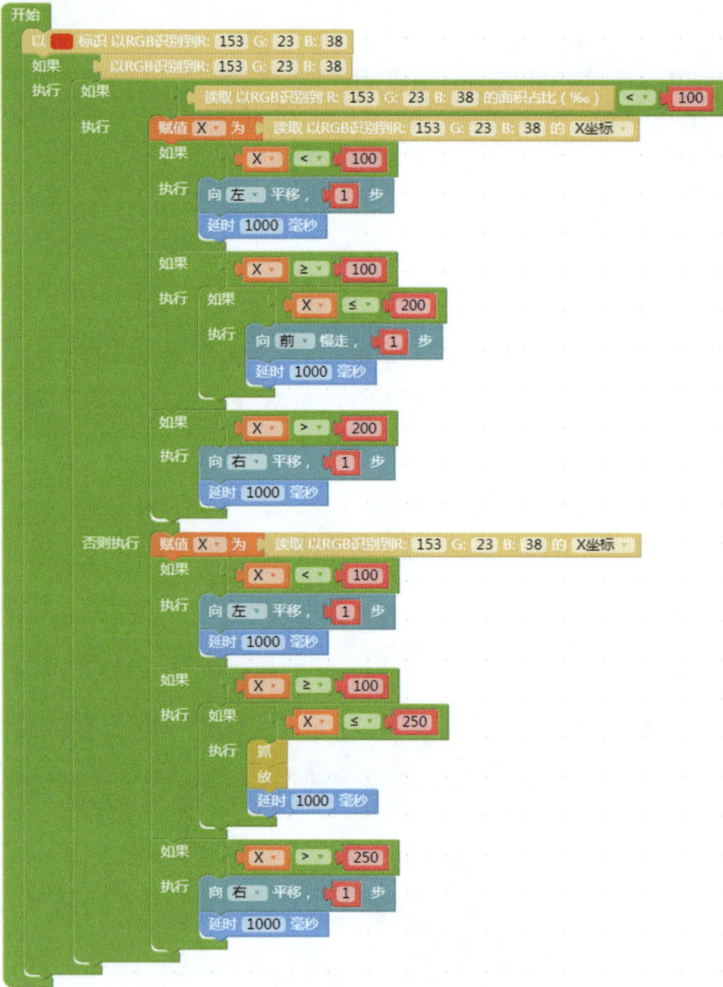

图 5.4.7　定位抓取程序

项目总结

定位抓取项目，你完成了吗？

记得填写项目总结报告，分享你的收获哦！

定位抓取			
1	掌握目标物位置的信息	□完成	□未完成
2	能够根据坐标判断机器人的移动方向	□完成	□未完成
3	能够根据画面占比判断是否抓取目标物	□完成	□未完成
我的收获：			

5.5 人脸识别

随着人工智能技术与互联网的发展，我们的生活正在发生巨大的改变，人脸识别技术已经成为我们生活中不可或缺的一部分。出门在外，我们再也不用担心忘记带钱包或者手机没电了，我们可以使用刷脸支付。

在本节中，我们将一起走进人脸识别的世界，看一看人脸识别的神奇之处。

学习目标

- 了解人脸识别的原理与应用；
- 了解人脸属性识别与相关算法。

1　人脸识别

人脸识别，是基于人的脸部特征信息进行身份识别的一种生物识别技术，是用摄像机或摄像头采集含有人脸的图像或视频流，并自动在图像中检测和跟踪人脸，进而对检测到的人脸进行脸部识别的一系列相关技术，通常也叫作人像识别或面部识别。

人脸识别的过程可以大致分为三步："看得到""看得懂""认得出"。第一步"看得到"，即获取用户的面部图像进行分析，也可以称为人脸检测，在这个步骤中，将会判断是否识别到人脸，得到脸的位置、大小和神态等信息。第二步"看得懂"，即通过对检测到的人脸进行局部分析，得到人脸相应的特征，如脸形、性别、是否戴眼镜等。最后，"认得出"就是将获取的脸部信息与数据库中已记录的人像进行匹配。换句话讲，人脸识别的过程就是人脸检测、分析与匹配的过程。

传统的人脸识别技术主要是基于可见光图像的人脸识别，这也是人们熟悉的识别方式，已有 30 多年的研究历史。但这种方式有着难以克服的缺陷，尤其在环境光照发生变化时，识别效果会急剧下降，无法满足实际系统的需要。解决光照问题的方案有三维图像人脸识别和热成像人脸识别。但这两种技术还远不成熟，识别效果不尽如人意。

迅速发展起来的一种解决方案是基于主动近红外图像的多光源人脸识别技术。它可以克服光线变化的影响，已经取得了卓越的识别性能，在精度、稳定性和速度方面的整体系

统性能超过三维图像人脸识别。这项技术在近两三年发展迅速，使人脸识别技术逐渐走向实用化。

阅读资料

红外成像

红外成像技术是一项前途广阔的高新技术。波长比 0.78 微米长的电磁波位于可见光光谱红色以外，其中波长为 0.78 ~ 1000 微米的电磁波称为红外线，又称红外辐射。自然界中，绝大多数物体可以辐射红外线，因此利用探测仪测量目标本身与背景间的红外线差可以得到红外图像。

目前，人脸识别主要研究方向分为人脸检测与属性分析、人脸身份验证、人脸对比、人脸搜索、人脸融合、活体检测等。人脸识别广泛地应用于生活中各种场景，如智慧人脸考勤、移动刷脸支付、互动娱乐美颜、人脸注册登录、刷脸闸机通行、人脸实别认证等，如图 5.5.1 所示。

智慧人脸考勤   移动刷脸支付   互动娱乐美颜

人脸注册登录   刷脸闸机通行   人脸识别认证

图 5.5.1　人脸识别的应用

2　人脸识别与算法

人脸具有结构复杂、细节变化多等特点，同时也蕴含了大量的信息，比如性别、年龄、表情等。一个正常的成年人可以轻易地理解人脸的信息，但将同样的识别能力赋予计算机，并让计算机代替人类进行类脑思考却是亟待研究者攻克的科学课题。

　　我们可以通过使用相机等图像采集装置，加上计算机来组建一套与人体类似的系统，摄像机等图像采集装置是"眼睛"，计算机是"大脑"。但是问题来了，这些单纯的硬件设施并不足以让机器完成理解人脸信息的任务，还需要加上思考能力，也就是我们平时所说的算法，如图 5.5.2 所示。

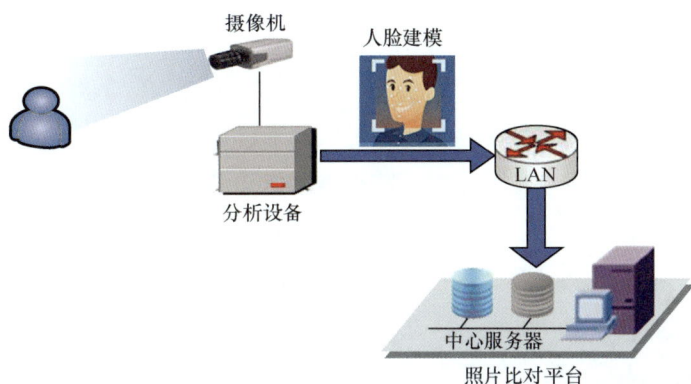

图 5.5.2　人脸识别系统

　　在颜色识别程序中，机器人通过自己的处理器来区分目标物颜色，机器人处在局域网环境中，不连接互联网也可以执行程序。而人脸识别需要调用云端的数据库进行对比，所以执行人脸识别程序的时候一定要让机器人连接到互联网。

阅读资料

　　图灵奖（Turing Award），全称"A.M. 图灵奖（A.M Turing Award）"，由美国计算机协会（ACM）于 1966 年设立，专门奖励那些对计算机事业做出重要贡献的个人。其名称取自计算机科学的先驱、英国科学家艾伦·马西森·图灵（Alan M. Turing）。由于图灵奖对获奖条件要求极高，评奖标准又极严，一般每年只奖励一名计算机科学家，只有极少数年度有两名合作者或在同一方向做出贡献的科学家共享此奖。因此它是计算机界最负盛名、最崇高的一个奖项，有"计算机界的诺贝尔奖"之称。

5.6　人脸识别：性别、年龄、表情

　　目前，主流的人脸属性识别算法能够实现性别识别、年龄估计、表情识别等。在本节中，我们将一起认识人脸识别技术，实现性别识别、年龄识别与表情识别程序。

学习目标

- 了解人脸识别的应用；
- 掌握各种人脸识别积木块的使用方法；
- 能够独立完成性别识别、年龄识别与表情识别程序。

1 性别识别

性别识别是指利用计算机视觉来辨别和分析图像中的人脸性别属性。在计算过程中通过消除数据中的相关性，将高维图像降低到低维空间，而训练集中的样本则被映射成低维空间中的一点。当需要判断测试图片中人物的性别时，就需要先将测试图片映射到低维空间中，然后计算低维空间中离测试图片最近的样本点是哪一个，将最近样本点的性别值赋值给测试图片即可。基于 Adaboost+SVM 的人脸性别分类算法，是常用的人脸识别算法之一，如图 5.6.1 所示。

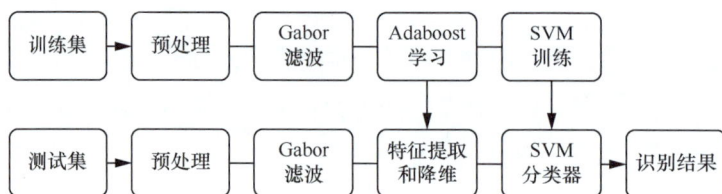

图 5.6.1 基于 Adaboost+SVM 的人脸性别分类算法

Aelos edu 软件的视觉指令包含了性别识别积木块，如图 5.6.2 所示。该积木块可以判断检测到的人脸的性别为男性还是女性。

图 5.6.2 性别识别积木块

课堂小练习　性别识别积木块的应用

请运用性别识别积木块，完成性别识别程序，要求当检测性别为女性时，Aelos 执行飞吻动作，并说"这是一位小仙女！"；当检测性别为男性时，Aelos 执行敬礼动作，并说"这是一位小帅哥！"。

性别识别程序中通过"如果□执行"积木块，判断 Aelos 看到的是男性还是女性，并使用音乐积木块，播放相应的语音，如图 5.6.3 所示。

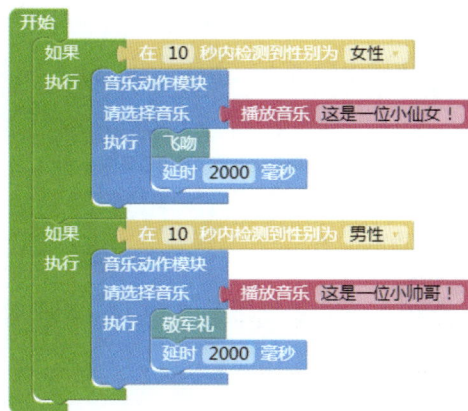

图 5.6.3　性别识别程序

注　意

程序中用到的语音需要自行录制，并放入 music 文件夹中。

2　年龄识别

年龄识别是一个比性别识别更为复杂的问题。原因在于人的年龄特征在外表上很难准确地被观察出来，即使是人也很难准确地判断出一个人的年龄。再看人脸的年龄特征，它通常表现在皮肤纹理、皮肤颜色、光亮程度和皱纹纹理等方面，而这些因素通常与个人的遗传基因、生活习惯、性别、性格特征和工作环境等方面相关。所以说，我们很难用一个统一的模型去定义人脸图像对应的年龄。想要较好地指出人的年龄的话，我们需要分年龄段来描述，比如用儿童、少年、青年、中年和老年这些词语来描述人的年龄。

融合 LBP（局部二值化模式）和 HOG（梯度直方图）特征的人脸年龄估计算法，会提取与年龄变化关系紧密的人脸的局部统计特征——LBP 特征和 HOG 特征，并用 CCA（典型相关分析）的方法融合，最后通过 SVR（支持向量机回归）的方法对人脸库进行训练和测试，如图 5.6.4 所示。

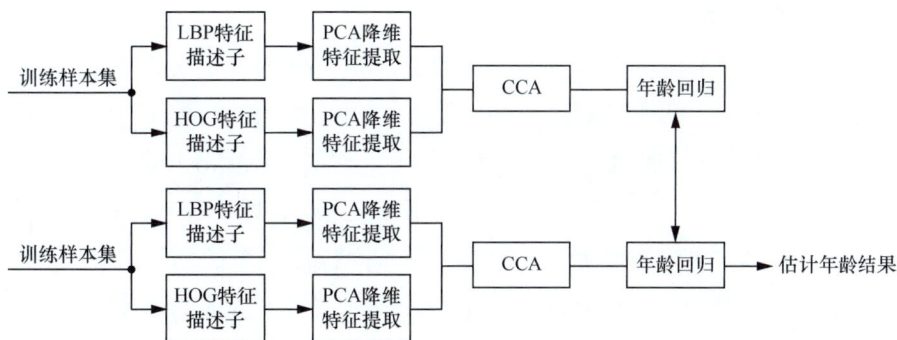

图 5.6.4　LBP 和 HOG 特征的人脸年龄估计算法

Aelos edu 软件的视觉指令包含了年龄识别积木块，如图 5.6.5 所示。该积木块可以判断出人脸图像对应的年龄，并描述为儿童、少年、青年、中年或老年。

在 10 秒内检测到年龄为 儿童 ▼

图 5.6.5　年龄识别积木块

课堂小练习　年龄识别积木块的应用

请运用年龄识别积木块，完成年龄识别程序，要求当检测年龄的结果为儿童时，Aelos 站立，并说"这是一位小朋友！"；当检测年龄为老人时，Aelos 鞠躬，并说"这是一位老人！"。

年龄识别程序通过"如果□执行"积木块，判断 Aelos 看到的是儿童还是老人，用音乐积木块播放相应的语音，如图 5.6.6 所示。

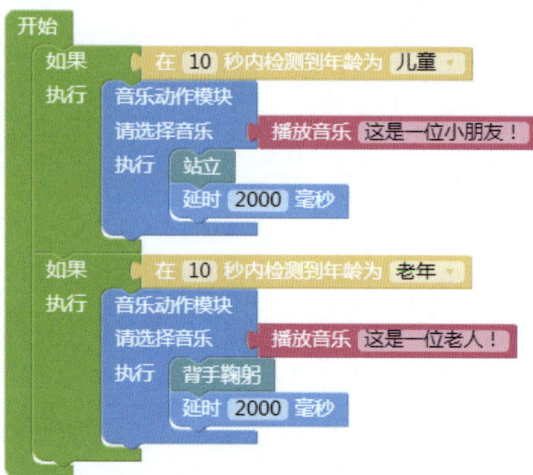

图 5.6.6　年龄识别程序

3　表情识别

人脸表情是表现人的情绪状态和心理状态的一种重要形式。心理学研究表明，人们的交流中，只有约 7% 的信息通过语言来表达，有约 38% 的信息通过辅助语言来表达，如节奏、语音、语调等，而占比最大的是人脸表情——达到交流信息总量的约 55%。也就是说，我们通过人脸表情可以得到很多有价值的信息，比如人的意识和心理活动等。

人脸表情识别是指使用一个自动、高效、准确的系统来识别人脸表情的状态，进而通过人脸表情信息了解人的情绪，比如高兴、悲伤、愤怒、恐惧、惊讶、厌恶等。在算法识别中，融合 LBP 和局部稀疏表示的人脸表情识别算法最为著名。

首先，对规格化后的人脸图像训练集进行特征分区，计算每个人脸分区的 LBP 特征，并采用直方图统计方法整合该区域特征向量，形成由特定人脸的局部特征组成的训练集局部特征库。

其次，对于测试人脸，同样进行人脸图像规格化、人脸分区、局部 LBP 特征计算和局部直方图统计操作。

最后，对于测试人脸的局部直方图统计特征，利用训练集特征库进行局部稀疏重构表示，并采用局部稀疏重构残差加权方法进行最终人脸表情分类识别，如图 5.6.7 所示。

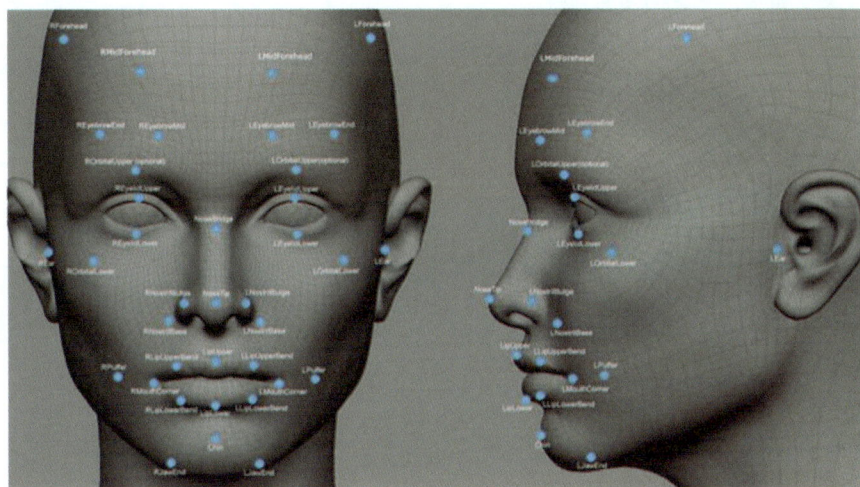

图 5.6.7　人脸属性识别

Aelos edu 软件视觉指令包含了表情识别积木块，如图 5.6.8 所示。该积木块可以检测出表情中蕴含的情绪状态，如悲伤、自然、轻蔑、愤怒等。

图 5.6.8　表情识别积木块

课堂小练习　表情识别积木块的应用

请运用表情识别积木块，完成表情识别程序，要求当检测到的结果为幸福时，Aelos 执行站立动作，并说"幸福"；当检测结果为轻蔑时，Aelos 执行生气动作，并说"轻蔑"；当检测结果为自然时，Aelos 执行庆祝动作，并说"自然"；当检测表情为悲伤时，Aelos 执行两次前拥抱动作，并说"悲伤"。

表情识别程序通过"如果□执行"积木块，判断 Aelos 看到的是幸福、轻蔑、自然或者悲伤表情中的哪一种，用音乐积木块播放相应的语音，如图 5.6.9 所示。

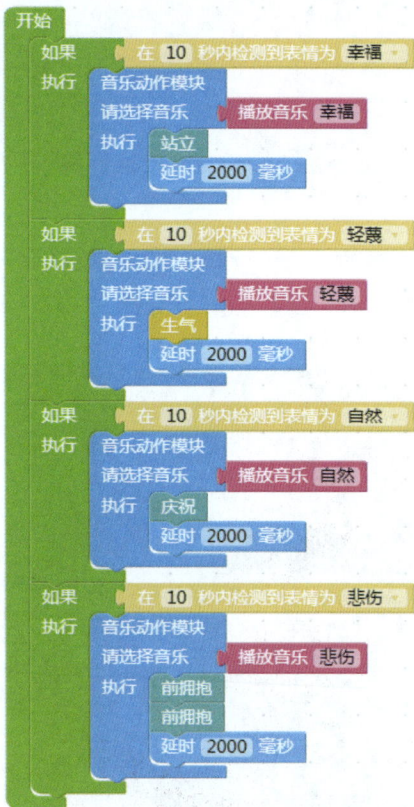

图 5.6.9　情绪识别程序

注　意

程序中用到的自定义动作需要独立设计。

试一试

独立完成既能识别性别又能检测年龄的程序。

第 六 章

综合实践

　　在与 Aelos 机器人一起学习的时光里，我们了解了图形化编程的方法，认识了不同种类的传感器，掌握了 Aelos 视觉指令的使用方法，完成了多个有趣的实践项目。在本章中，让我们通过 3 个综合实践，检验一下自己丰硕的学习成果吧！

学习目标

掌握图形化编程的方法，能够熟练地运用任意积木块进行程序设计，巩固对传感器的认识，巩固对视觉指令的理解，并能够按照项目要求，综合运用各种传感器，以及视觉指令，完成实践项目。

学习重点、难点

学习重点

- 视觉指令与传感器的综合运用；
- 垃圾分类程序设计；
- 超智能足球程序设计；
- 智能小管家程序设计。

学习难点

- 视觉指令与传感器的综合运用；
- 垃圾分类程序设计；
- 超智能足球程序设计；
- 智能小管家程序设计。

6.1 综合实践（一）：垃圾分类

垃圾分类，是对垃圾收集处置方式的革新，是对垃圾进行有效处置的一种科学的管理方法。人们面对日益增长的垃圾产量和环境状况恶化的局面，如何通过垃圾分类管理，最大限度地实现垃圾资源利用，减少垃圾的数量，改善生存环境状态，是当前世界各国迫切关注的共同问题。我们的机器人经过不懈努力也学会了垃圾分类，来看一看它是怎么做到的吧！

项目要求

用蓝色纸团来代表可回收物，绿色纸团来代表厨余垃圾，用红色纸团来代表有害垃圾，如图 6.1.1 所示。用蓝色桶代表可回收垃圾收集容器，用绿色桶代表厨余垃圾收集容器，用红色桶代表有害垃圾收集容器。要求机器人能够准确地将不同的纸团放入指定的桶内，如图 6.1.2 所示。

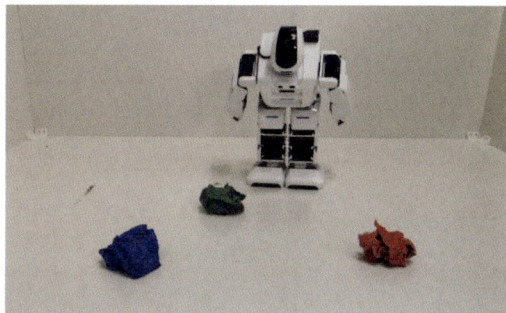

图 6.1.1　不同颜色的纸团

图 6.1.2　不同颜色的纸桶

项目准备

（1）蓝色、绿色、红色的纸团和纸桶；
（2）掌握抓手、头部舵机的使用方法；
（3）掌握机器人动作编程方法；
（4）熟练地运用颜色识别的各种操作。

项目步骤

程序分析：

在识别垃圾的时候，根据垃圾距离的远近，我们可以把识别分为 3 个级别。第 1 级别就是当机器人处于站立状态时就能看到垃圾，说明现在垃圾离机器人还比较远，这个时候机器人要先快速走向目标物；当站立状态下机器人已经不能识别垃圾时，这个时候我们进入第 2 级别微弯腰状态，这个状态下机器人离垃圾已经很近，可以用慢走的形式前进；当微弯腰状态下也已经不能识别到垃圾时，这个时候我们进入第 3 级别弯腰状态，这个状态下机器人离垃圾已经非常近了，可以执行捡取动作。利用水平方向 x 坐标数值来判断目标物是在视线范围的左边、中间还是右边，然后根据目标物的位置让机器人来调整自己的方向。

图 6.1.3　分拣顺序

程序实践：

Step 1：分拣垃圾顺序

机器人分拣不同颜色的垃圾时需要有先后顺序，在程序中我们可以按照红色、蓝色、绿色的顺序进行执行，这样就需要设置一个变量，通过给变量赋值来控制程序执行的顺序，程序如图 6.1.3 所示。

Step 2：3 个识别级别程序

根据程序分析的结果，我们需要针对不同的识别级别，分别设计程序，各个识别级别的示意图及程序，如图 6.1.4 所示。

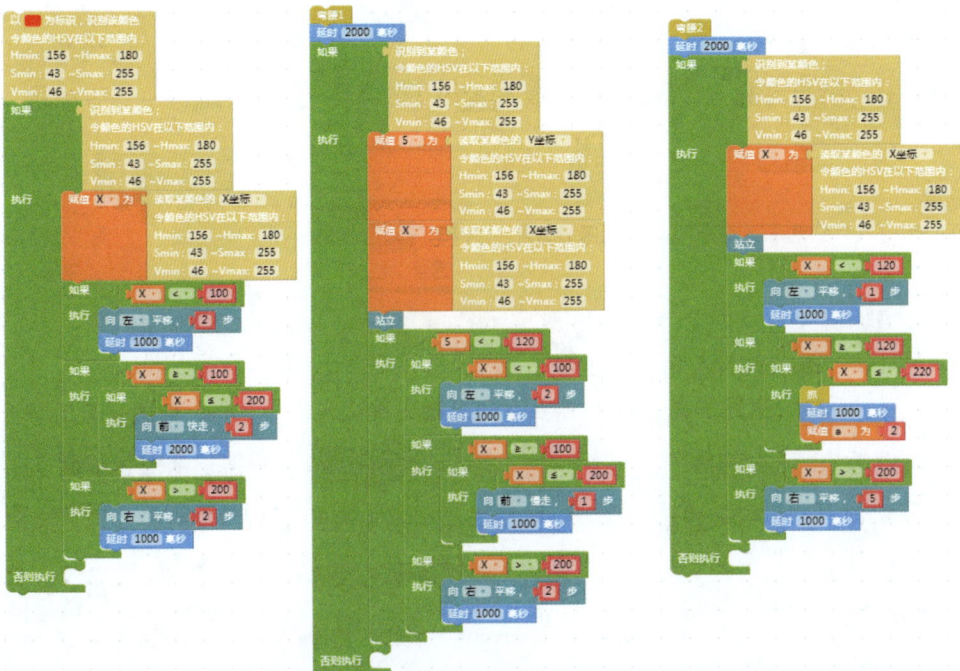

图 6.1.4　3 个识别级别的示意图及程序

Step 3：寻找垃圾桶

在拾取垃圾后，机器人面前已经没有垃圾了，这时机器人旋转头部进行检测，如果前面都没有目标色，则机器人做转身动作，寻找身后的垃圾桶，程序如图 6.1.5 所示。

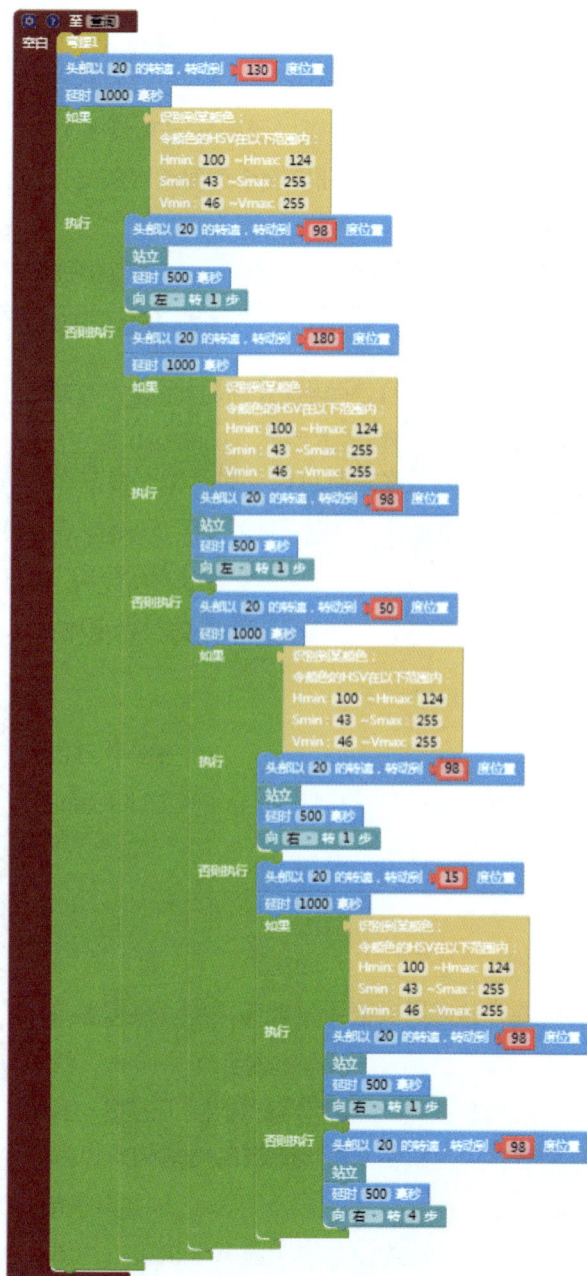

图 6.1.5 寻找垃圾桶

Step 4：垃圾投放

机器人转身后，就能识别到目标垃圾桶，因为垃圾桶比较高，所以只做两个级别的检测就可以了，站立检测是否有目标色，然后前进。微弯腰检测目标色，投放垃圾，程序如

图 6.1.6 所示。

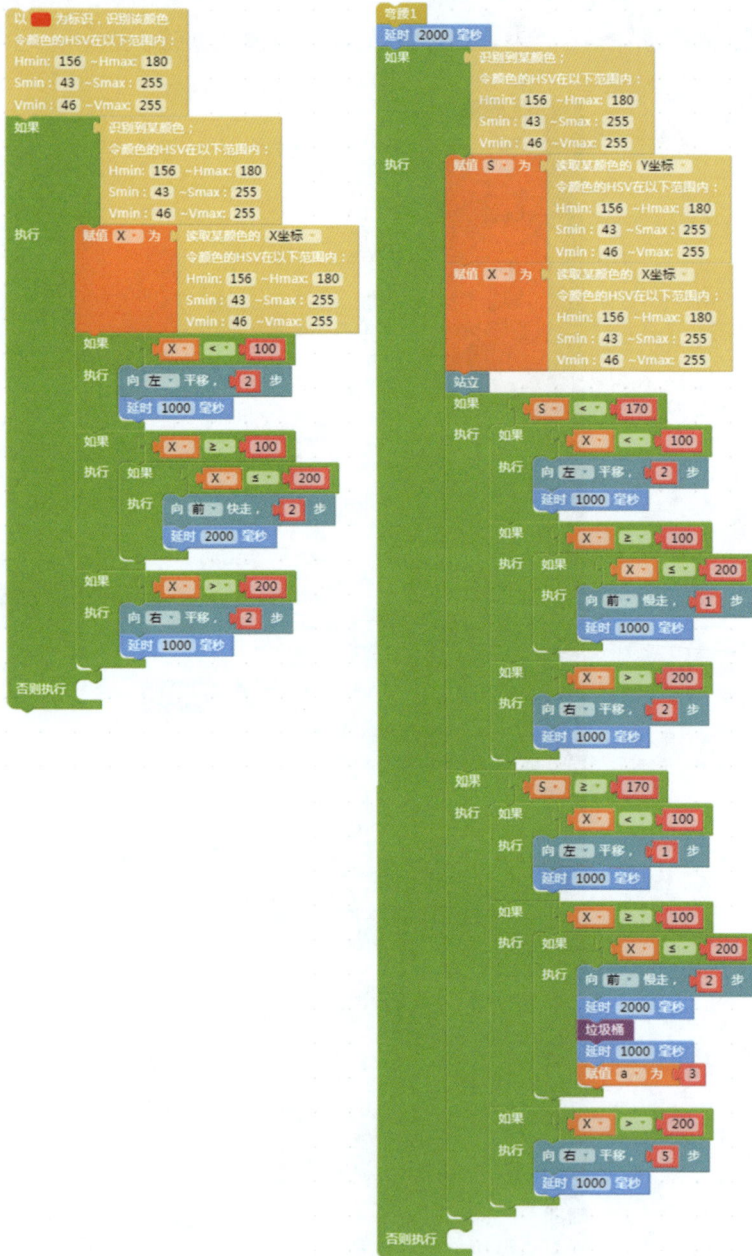

图 6.1.6　垃圾投放程序

Step 5：颜色替换

从垃圾捡取到垃圾投放的程序已经完成，然后再把目标色的 HSV 改成蓝色和绿色，整个程序就完成了，如图 6.1.7 所示。

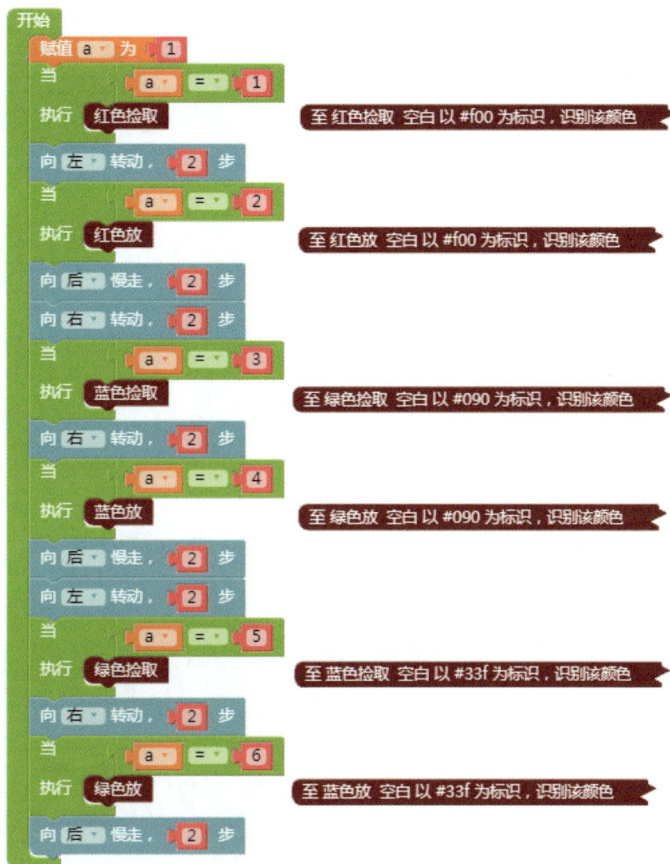

图 6.1.7　垃圾分类程序

项目总结

垃圾分类项目，你完成了吗？

记得填写项目总结报告，分享你的收获哦！

垃圾分类			
1	熟练地运用颜色识别的各种操作	□完成	□未完成
2	掌握抓手、头部舵机的使用方法	□完成	□未完成
3	掌握机器人动作编程方法	□完成	□未完成
4	完成垃圾分类程序设计	□完成	□未完成
我的收获：			

6.2 综合实践（二）：超智能足球

足球是非常受人们关注的一项运动，每届"世界杯"举办期间，世界各地的无数观众，都会守候在电视机旁，观看每一场比赛。相信大家都很喜欢足球，在许多踢足球的游戏中，我们都是通过键盘、鼠标控制球员完成进攻、守门等动作。

而 Aelos 作为一名智能机器人，可以实现自主踢球，本章就让我们一起看看 Aelos 是如何踢球赛的吧！

项目要求

Aelos 能够通过 HSV 颜色识别方法，根据球的坐标，进行相应的移动，确定球的位置，完成踢球动作。

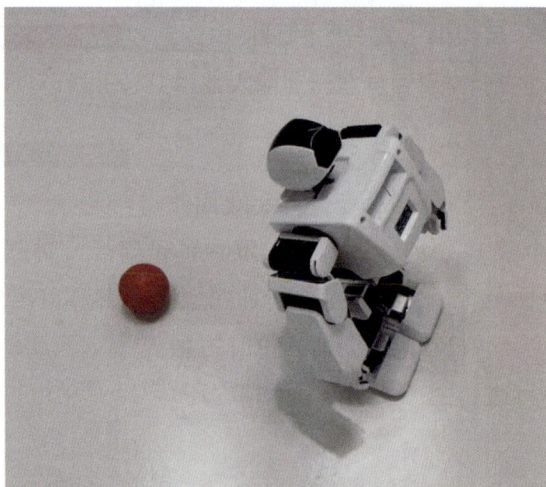

项目准备

（1）红色球体；

（2）掌握机器人动作编程方法；

（3）掌握函数指令中积木块的含义与应用；

（4）熟练地运用颜色识别的各种操作。

项目步骤

程序分析：

我们要先将机器人在踢足球的过程中遇到的问题进行细化。

1）机器人在站立情况下检测到足球，可判断执行左移、右移、慢走；

2）机器人看不到足球的情况下，设计一个弯腰动作，弯腰时看到足球，机器人站立，判断执行左移、右移、慢走；

3）机器人弯腰还是看不到足球的情况下，执行大弯腰动作，检测足球是否在脚边，如果检测到足球，机器人站立，判断执行左移、右移、踢足球动作；

4）大弯腰时也检测不到足球的情况下，机器人回到小弯腰动作，头部左右转动检测足球，判断执行左转、右转。

程序实践：

Step 1：分析并设计机器人远看识别足球程序

机器人在站立条件下，需要能够检测到红色小球，即远看识别到红色小球颜色。为了减短主程序长度，我们需要采用函数指令中的积木块，定义不同的功能。

机器人远看识别足球程序，需要从函数指令中，拖曳一个无参数函数积木块到编程区，并将函数名改为"远看"。在该函数中编写程序，如果 x 坐标小于100，机器人执行左移调整位置；如果 x 坐标值大于200，机器人执行右移调整位置；如果 x 坐标值在100～200，可以判断机器人能够在站立的状态下检测到足球，说明与足球之间的距离有点远，机器人可以向前走两步，详细程序如图6.2.1所示。

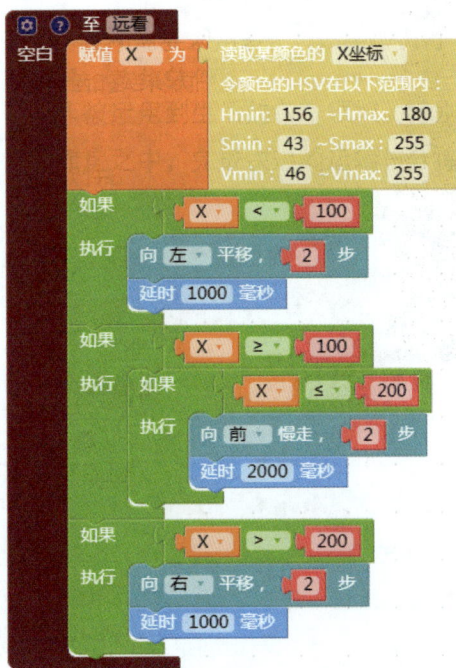

图6.2.1　机器人远看识别足球程序

Step 2：分析并设计机器人小弯腰识别足球程序

机器人在站立时，若未识别到足球，则需设计一个小弯腰动作识别足球。当机器人小弯腰之后识别到足球颜色时，需要根据 x 坐标判断机器人行动路线。如果 x 坐标小于 120，机器人执行左移调整位置；如果 x 坐标值大于 180，机器人执行右移调整位置；如果 x 坐标值在 120 ~ 180，可以判断机器人能够在弯腰的状态下检测到足球，说明机器人与足球之间的距离较近，机器人向前走一步即可，详细程序如图 6.2.2 所示。

Step 3：分析并设计机器人大弯腰识别足球程序

若机器人小弯腰之后还识别不到足球颜色，则需设计一个大弯腰动作。当执行大弯腰动作时，若识别到足球颜色，需要根据 x 坐标值判断机器人行动路线。如果 x 坐标值小于 120，机器人执行左移调整位置；如果 x 坐标值大于 220，机器人执行右移调整位置；如果 x 坐标值在 120 ~ 220，可以判断机器人能够在弯腰的状态下检测到足球，说明与足球之间的距离很近，机器人执行踢球动作，详细程序如图 6.2.3 所示。

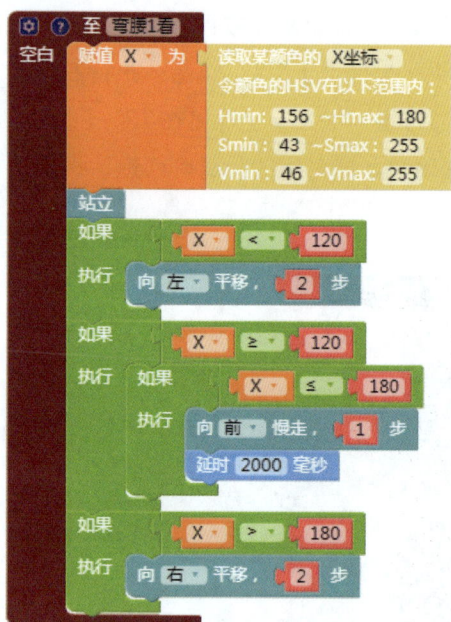

图 6.2.2　机器人小弯腰识别足球程序　　　　图 6.2.3　机器人大弯腰识别足球程序

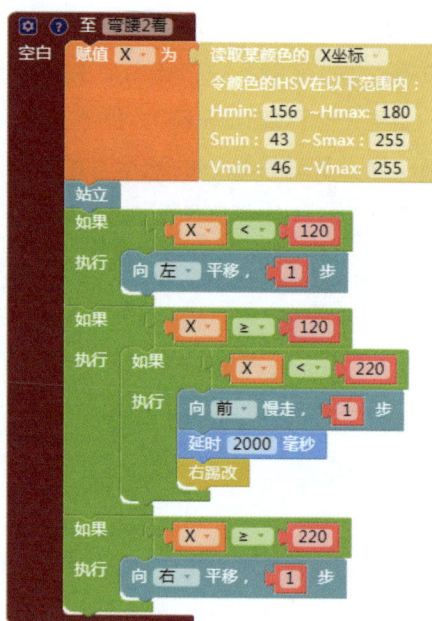

Step 4：分析并设计机器人转动头部识别足球程序

若机器人在大弯腰状态下还未检测到足球，则需重新回到小弯腰动作，通过机器人的头部转动来寻找足球。如果检测到足球在左侧，机器人执行左转；如果检测到足球在右侧，机器人执行右转；如果左侧、右侧都检测不到足球，机器人向右转 4 步调整方向，再从远看状态到弯腰状态识别足球，详细程序如图 6.2.4 所示。

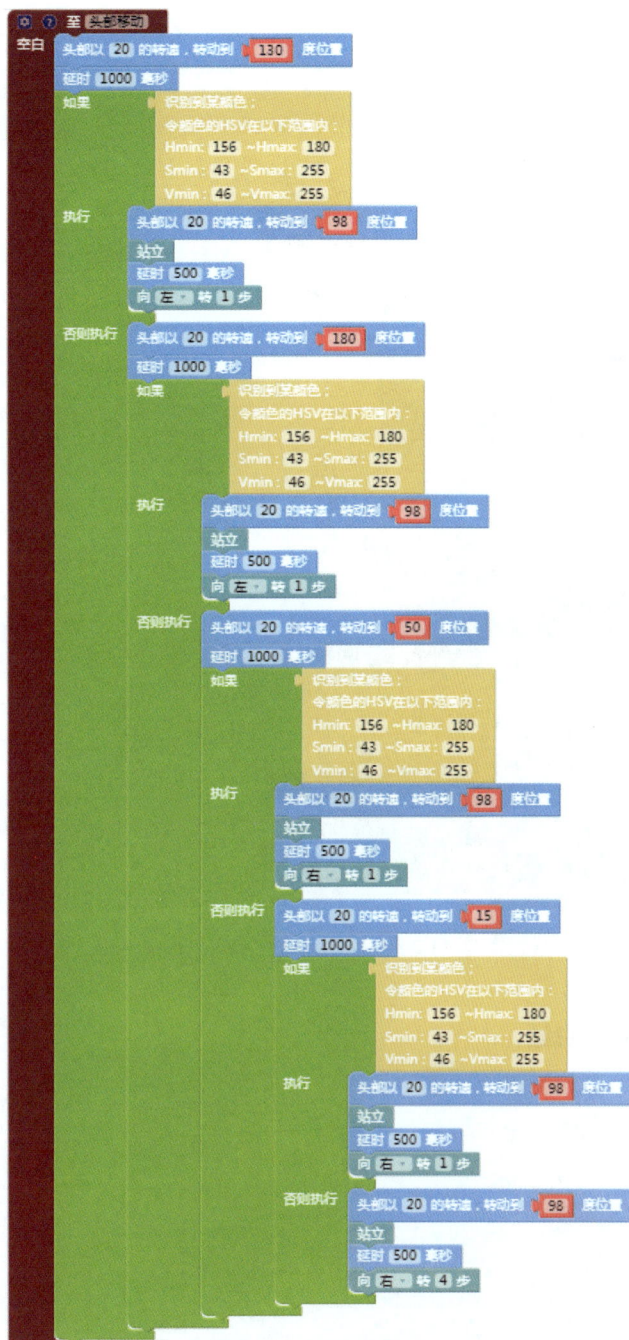

图 6.2.4 机器人转动头部识别足球程序

Step 5：主程序设计

　　根据程序分析，在主程序中调用上述定义的 4 个函数，通过"如果□执行□否则执行"积木块，完成逻辑判断，帮助机器人完成颜色识别、目标球体定位以及踢球，超智能足球主程序如图 6.2.5 所示。

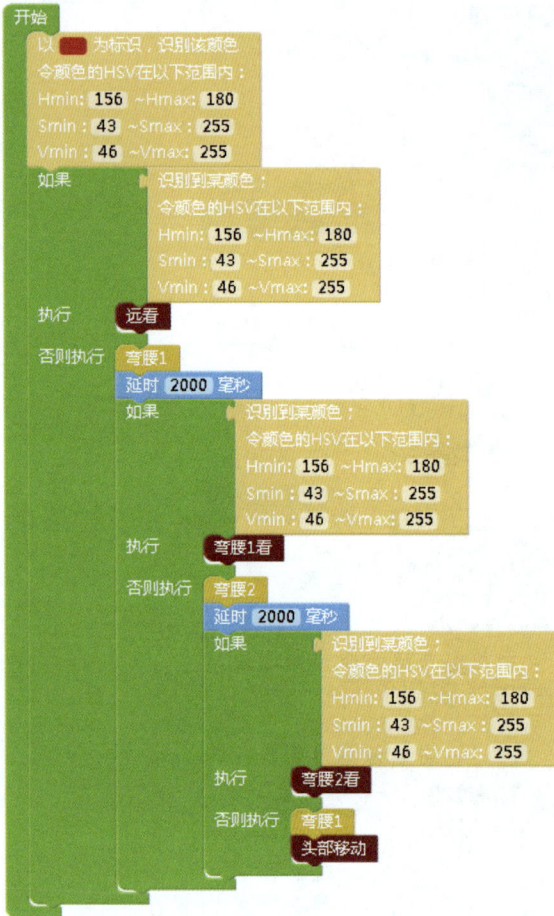

图 6.2.5　超智能足球主程序

项目总结

超智能足球项目，你完成了吗？

记得填写项目总结报告，分享你的收获哦！

超智能足球项目			
1	掌握机器人动作编程方法	☐完成	☐未完成
2	掌握函数模块的含义与应用	☐完成	☐未完成
3	熟练地运用颜色识别的各种操作	☐完成	☐未完成
4	完成超智能足球程序设计	☐完成	☐未完成
我的收获：			

6.3 综合实践（三）：智能小管家

Aelos 作为一名智能机器人，不仅多才多艺，对人还非常贴心。Aelos 用尽十八般武艺，意在成为小主人的智能小管家。

那么，你眼中的智能小管家都能做什么呢？

开关灯　　　　　　开关风扇　　　　　　　　　　　　　　迎接客人

Aelos 不仅能够为我们提供贴心的服务，还能配合我们学习哦，下面让我们一起来看一看吧！

项目要求

小主人家的户型如图 6.3.1 所示，已知长廊两端的主卧与客厅的门框中央挂着绿色的门牌，且主卧的房门处于关闭状态，客厅的房门保持常开。Aelos 机器人需要从客厅出发，经过长廊，找到主卧旁边的书房；再从书房中拿到一本封面是黑色的书，并退出书房；最后原路返回，将拿到的书放到指定位置。

图 6.3.1　户型图

英国哲学家培根曾说过："读史使人明智，读诗使人灵秀，数学使人周密，科学使人深刻，伦理使人庄重，逻辑修辞使人善辩。"书籍是我们成长道路上必不可少的物品，作为我们的智能小管家，Aelos 会为我们保管好书籍，能够随时帮我们拿到想要的书。同学们，快来完成智能小管家程序吧！

项目准备

（1）语音传感器、红外距离传感器；

（2）绿色门牌和黑色书籍；

（3）掌握机器人动作编程方法；

（4）掌握函数指令的应用；

（5）熟练地运用与颜色识别功能相关的各种操作。

项目步骤

程序分析：

语音传感器让 Aelos 能够听懂我们的指令。当 Aelos 听到"第一关"时，将会执行去书房取书的程序。根据户型图，可将 Aelos 的行为分成 3 个阶段。

第一阶段：从客厅出发，沿着长廊前进，在距离主卧门 20cm 处，左转找到书房的门；

第二阶段：进入客厅找到并取出黑色封皮的书籍，完成后退出书房，找到返回方向；

第三阶段：沿着长廊返回客厅，将书籍放在指定位置。

程序实践：

Step 1：确定命令语句

为 Aelos 设置命令词，当 Aelos 听到"第一关"时，开始执行智能小管家程序。Aelos 要实时根据外界环境完成相应判断，因此程序中需要用到"当口执行"积木块，为了始终满足循环条件，将循环条件设置为"0 = 0"，如图 6.3.2 所示。接下来各个阶段的路线规划都将运用此类循环条件。

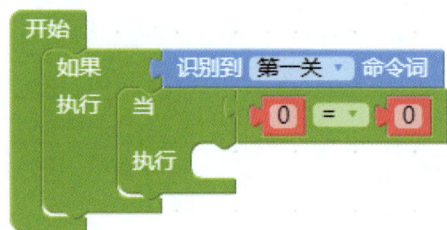

图 6.3.2　确定命令语句

Step 2：第一阶段程序设计

Aelos 可以识别出主卧门框上的绿色门牌，作为路线规划的依据，并用绿色在程序中标识门牌。通过对 x 坐标轴上坐标数值的判断，修正 Aelos 前进的方向。当 Aelos 沿着长廊走到距离主卧门 20cm 外的位置，即书房所在位置时，Aelos 将会左转，面向书房门口。第一阶段程序如图 6.3.3 所示。

Step 3：第二阶段程序设计

Aelos 进入书房，寻找黑色封皮的书籍，并判断黑色封皮书籍的位置，来作为路线规划的依据。当 Aelos 距离目标书籍不足 20cm 时，将会用抓手取得书籍，并退出书房。第二阶段程序，如图 6.3.4 所示。

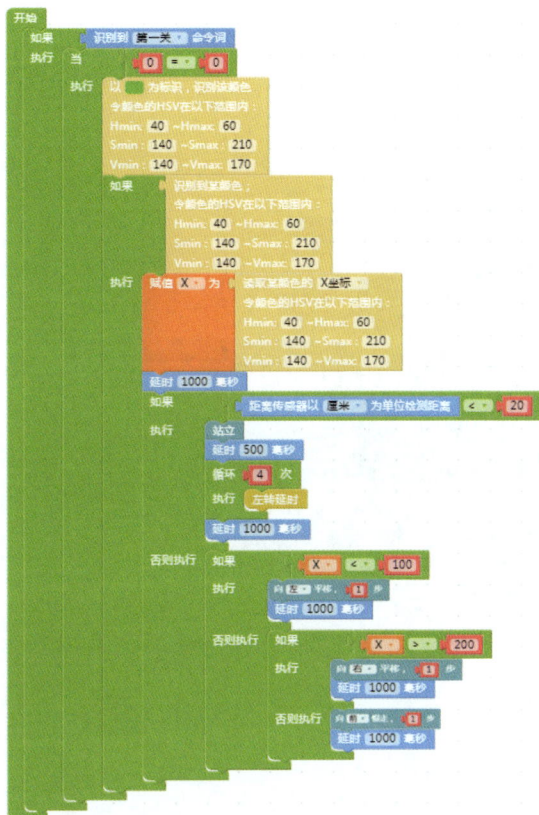

图 6.3.3　第一阶段程序　　　　　　　　　　　图 6.3.4　第二阶段程序

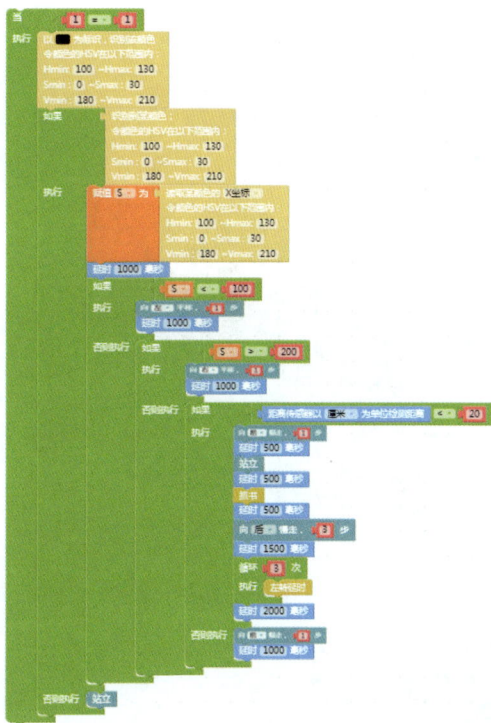

Step 4：第三阶段程序设计

Aelos 退出书房后，需调整方向，面向客厅，可以把客厅门框上的绿色门牌，作为路线规划的依据，并在程序中使用红色标识门牌（门牌本身是绿色的，但在程序中用红色标识以示区别）。Aelos 将会沿着长廊返回客厅，并将书籍放置在指定位置，第三阶段程序，如图 6.3.5 所示。

Step 5：智能小管家程序设计

智能小管家取书过程中，每一个阶段都需要在上一段的基础上进行，故我们需要将第三阶段程序完整地拖曳到第二阶段程序中，放置在负责循环 4 次左转延时的积木块下面，即退出书房后的程序语句下面，程序如图 6.3.6 所示。

由于第二阶段的程序需要在第一阶段程序的基础上进行，故而我们需要将第二、三阶段的组合程序，完整地拖曳到第一阶段程序中，放置在循环 3 次左转延时下面，即找到书房后，如图 6.3.7 所示，这样才真正地完成了智能小管家程序设计。

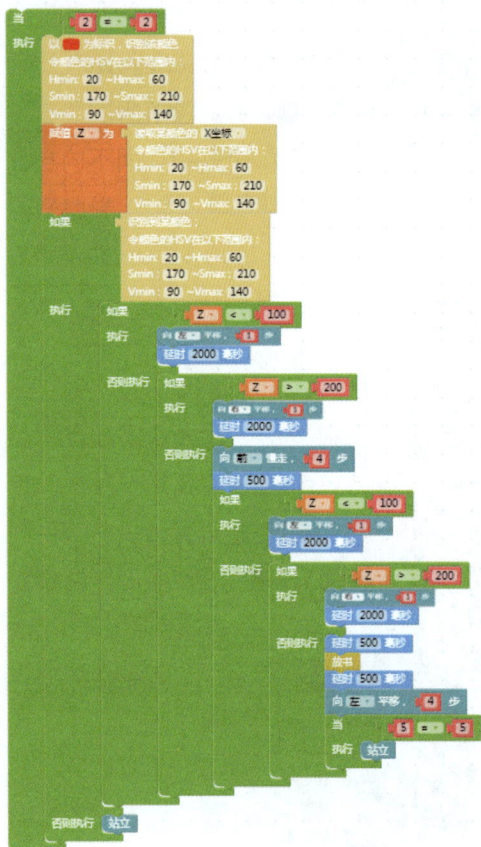

图 6.3.5　第三阶段程序

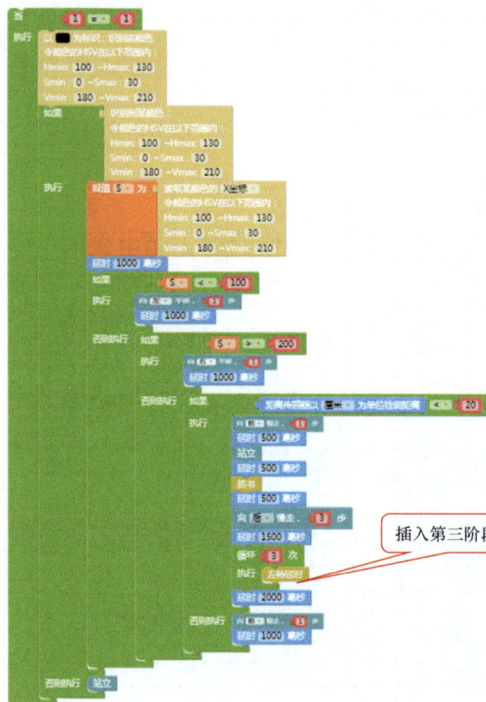

图 6.3.6　第二、三阶段程序组合

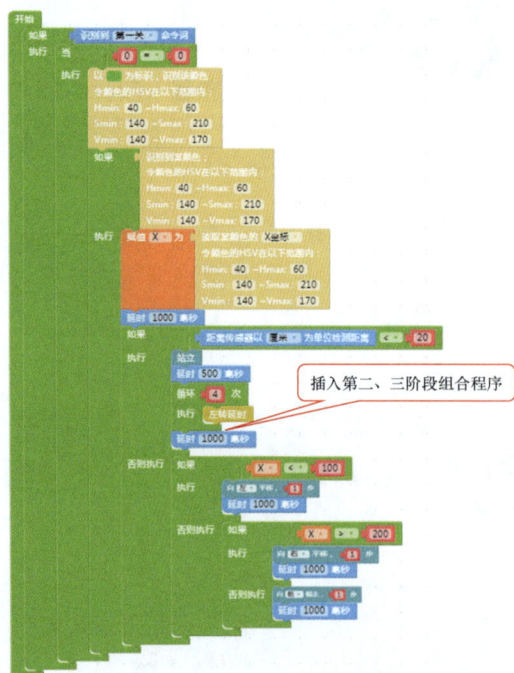

图 6.3.7　智能小管家程序

课后扩展：

　　函数是程序设计中非常重要的知识点，能够帮助我们将一些积木块封装成一个可调用的积木块，有效地精简主程序，增加程序的可读性。请同学们利用函数知识，精简智能小管家主程序。

项目总结

　　智能小管家项目，你完成了吗？

　　记得填写项目总结报告，分享你的收获哦！

智能小管家项目			
1	熟练地应用语音传感器及红外距离传感器	□完成	□未完成
2	掌握机器人动作编程方法	□完成	□未完成
3	熟练地运用颜色识别的各种操作	□完成	□未完成
4	完成智能小管家程序设计	□完成	□未完成
我的收获：			